自序

由于工作的缘故，我每年的九月都会带领建筑学及相关专业的学生前往祖国的各地进行建筑美术实习。从 2000 年到现在，已经持续了近 20 年的时间。其间，到过祖国的许多地方，像地处热带的海南乐东，充满异域风情的新疆喀什，还有青岛崂山，贵州深山的千户苗寨，在游历祖国的大好河山之时，我也会和同学们一起进行写生创作，其中最多的写生对象就是那些无处不在、风貌各异的中国传统民居了，每当我面对这些由青砖、石块、木头、夯土材料建造的房子时，每当我一笔一划将这些民居的形态、肌理、风貌在纸面上仔细描画，我的心就会被这些民居的美深深吸引，我就会不由自主地去探究、找寻他们背后蕴含的深厚的文化魅力，这是由华夏儿女经历千百年来创造的，是他们智慧与汗水的结晶，这是独属于中华民族的，是会让我陶醉和深深爱恋的。

每一段旅程都是一个惊喜的开始、人生的成长，每一段旅程都是一个令人寻味的故事，让我在时光里向你轻轻的诉说，诉说那些斑驳的灰墙、黛瓦，让他们带我们走进古老的时光里，走进一个又一个梦里故乡！来吧，让我们一同感受传统民居的魅力吧！

刘快 2021 年于湘江之滨

图书在版编目（CIP）数据

中国民居写生与研究 / 刘快著. —哈尔滨：黑龙江美术出版社，2023. 3

ISBN 978-7-5593-9714-2

Ⅰ. ①中… Ⅱ. ①刘… Ⅲ. ①民居—写生画—绘画技法—中国 Ⅳ. ①TU204.11

中国版本图书馆CIP数据核字（2023）第003269号

ZHONGGUO MINJU XIESHENG YU YANJIU

中国民居写生与研究

著　　者　刘　快
责任编辑　颜云飞
装帧设计　陈　莉

出版发行　黑龙江美术出版社
地　　址　哈尔滨市道里区安定街225号
邮　　编　150016
发行电话　（0451）84270514
网　　址　www.hljmscbs.com
经　　销　全国新华书店

印　　刷　长沙市井岗印刷厂
开　　本　889 mm × 1194 mm　1/12
印　　张　16
字　　数　275千字
版　　次　2023年3月第1版
印　　次　2023年3月第1次印刷
书　　号　ISBN 978-7-5593-9174-2
定　　价　98.00元

目 录

MULU

第一章

中国传统民居大观

ZHONGGUO CHUANTONG MINJU DAGUAN

中国民居，蔚为大观。

如果要我来选择一个建筑的秘密宝库，我一定会脱口而出，那不就是中国传统民居建筑吗！它不仅形式多样，形态各异，装饰精美，而且蕴含着中国数千年以来积淀的人文、历史、科技与文化。他是我们学习建筑设计的人的一座百科全书，认知他，了解他，就像拥有一座无尽的财富宝库，为我们的学习、工作提供源源不断的灵感与源泉。

由五十六个民族创造的中国传统民居，分布于祖国的九百六十万平方公里的土地上，由于每处地域的气候条件、地形地貌、风土人情、习惯认知的不同，民居所呈现出来的面貌也各不相同，从祖国辽阔的北方草原，到南方秀美的山坡林地，从西部干旱少雨的气候，到东部海边潮湿温润的环境，每个地区都孕育了独特的民居艺术。北京皇城根脚底下的四合院，陕北黄土高原上的一口口窑洞，西北沃野千里的草原上的一座座蒙古包，

福建土楼民居

皖南徽派民居

皖南徽派民居

河南石板岩民居

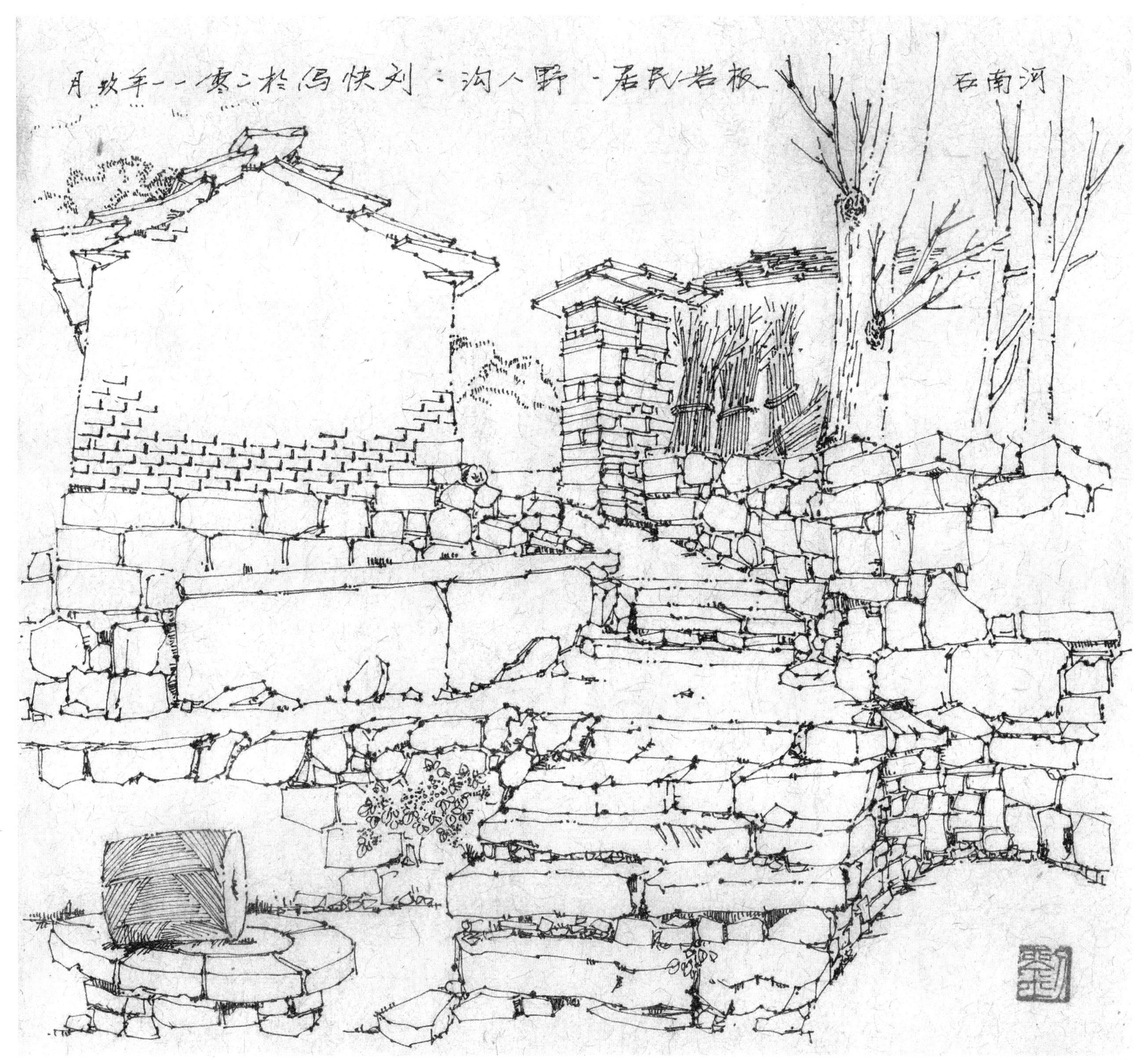

河南石板岩民居

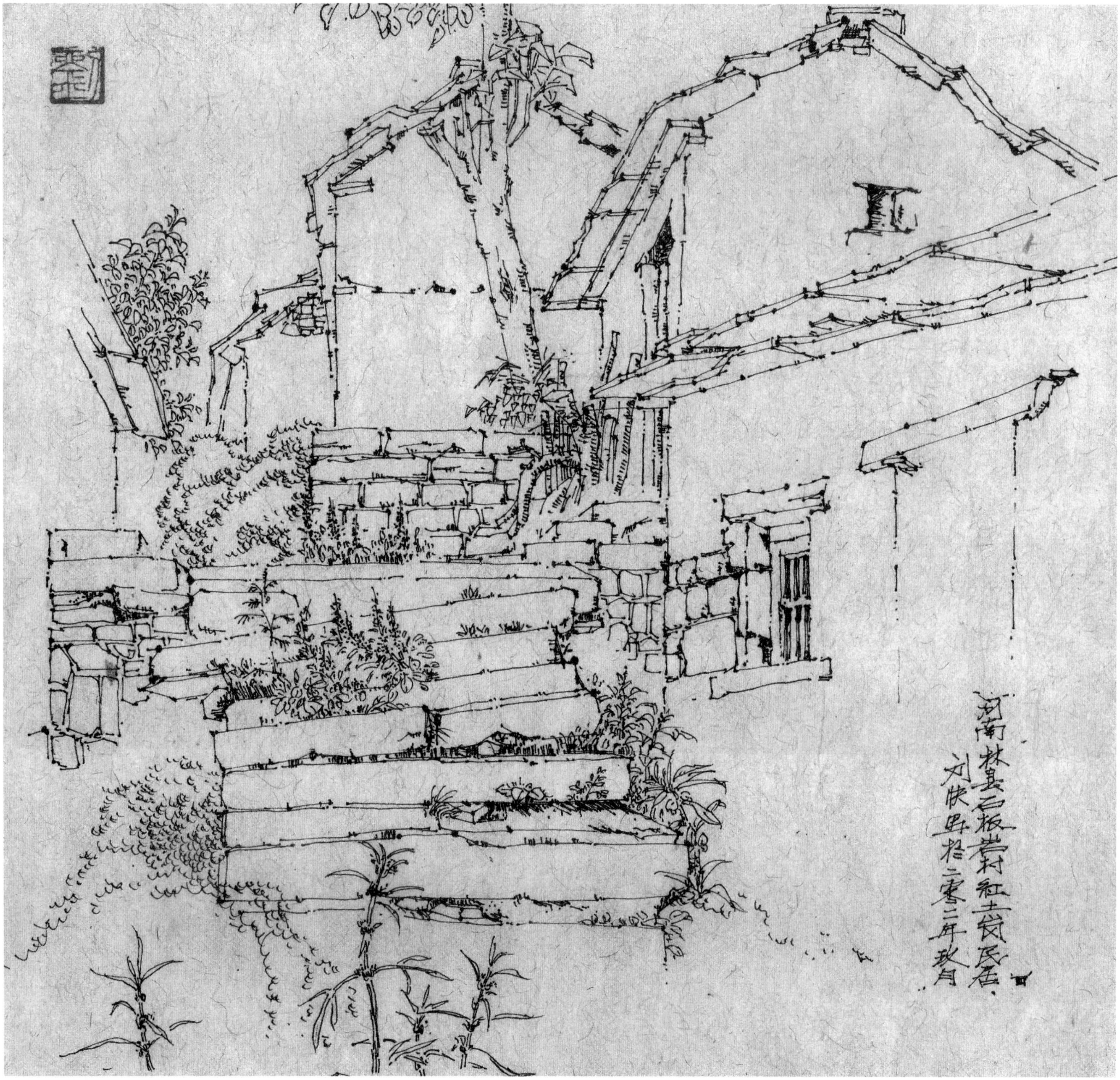

河南石板岩民居

河南石板岩民居

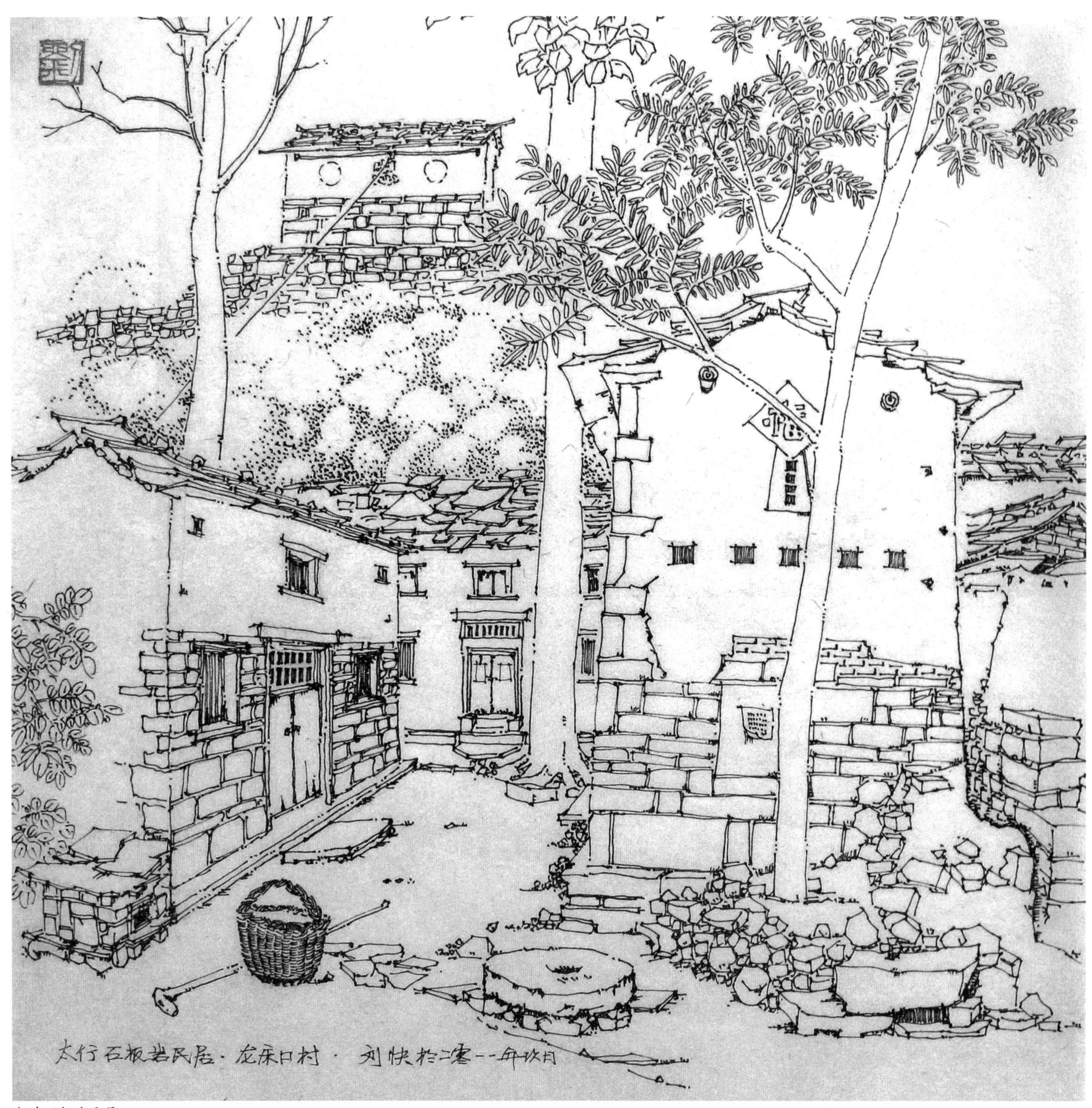
劉
太行石板岩民居·龙床口村· 刘快於二零一一年秋日

河南石板岩民居

西南临山而居的吊脚楼，还有福建的土楼，皖南的徽派建筑，丽江“三坊一照壁”的“一颗印”民居，无一不是精彩的呈现，正可谓千姿百态，异彩纷呈。

中国传统民居建筑是位于中国广大土地上的一种乡土建筑，也有人称它们为“风土建筑”，它是中国原始建筑的发展与传承，由于它所处的乡土环境，所以表现出来的就是“土气十足”，但这种“土气”并不是指中国传统民居不优秀，反过来，正是因为这种“土气”，才使得中国传统民居更加具有中国意味，它反映的是一个民族居住环境带来的独特的生活理念。不同的民居形态各异，自由灵活，它们有机地与自然融合在一起；它们因地制宜，蕴含了中国人千百年来创造的风水观念；它们历经沧桑，成为历史的见证；它们是建筑艺术的瑰宝，是人类智慧的结晶。

江西渼陂民居

河南石板岩民居

中国传统建筑根据使用的人群不同，分为三种类型。第一是专为上层阶梯服务的官式建筑，那些皇家宫殿、皇室园林、大型祠庙都属于这个类别；第二是给古代知识分子使用的表现仕文化的文人建筑，一些书香宅第、私家园林都属隶属于此；第三，就是为普通百姓服务的表现俗文化的民间建筑了，而民居就是这类建筑最大的载体。为了追求居住的舒服安稳，中国人是做足了文章，从样式到材料，从风水到习惯，无不反映出民居的最终追求。世界上也许只有中国人才会如此注重自己的居住吧，他们把自己的祈求愿望，把对人生幸福的追求与子孙的福祉，都深深寄托在自己为之终身奋斗的居身之所上。

就像著名哲学家罗素所说的那样："参差多样，本是幸福之源。"现代社会，我们越来越多地看到的是一座座钢筋水泥的丛林，而被我们遗忘的中国传统民居，只能静静地等待时光的洗刷与摧残，他们面临的状况是不容乐观的，据文化学者冯骥才的研究统计，中国的民居以每天消失100个村庄的速度灭亡着，而我们仿佛只能安静地看着、等着这种事情的发生。

江西渼陂民居

联合国教科文组织的文化遗产名录早将中国传统民居列入其中：皖南民居的西递与宏村、福建土楼、丽江古城之白族民居、平遥古城之晋宅大院、广东开平碉楼等，但中国传统民居何止这些，像闽南的红砖大厝、湘西凤凰古城的吊脚楼、北京的四合院、川西的羌族石头碉楼，都可以称得上是民居中的精粹，我们应该加强对这些中国传统民居的研究、保护与传承，让她们的美走向世界，走向更多人的视野，让他们成为永恒。

建筑是凝固的音乐，中国传统民居建筑就是一首首属于中国文化的悠扬的小调，会一直在我们耳畔传唱。

江西渼陂民居

江西渼陂民居

江西渼陂民居

河南石板岩民居

青岛崂山民居

青岛崂山民居

江西婺源民居

湖南湘西民居

湖南湘西民居

新疆吐鲁番民居

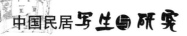

第二章

皖南徽派民居

WANNAN HUIPAI MINJU

皖南徽派民居

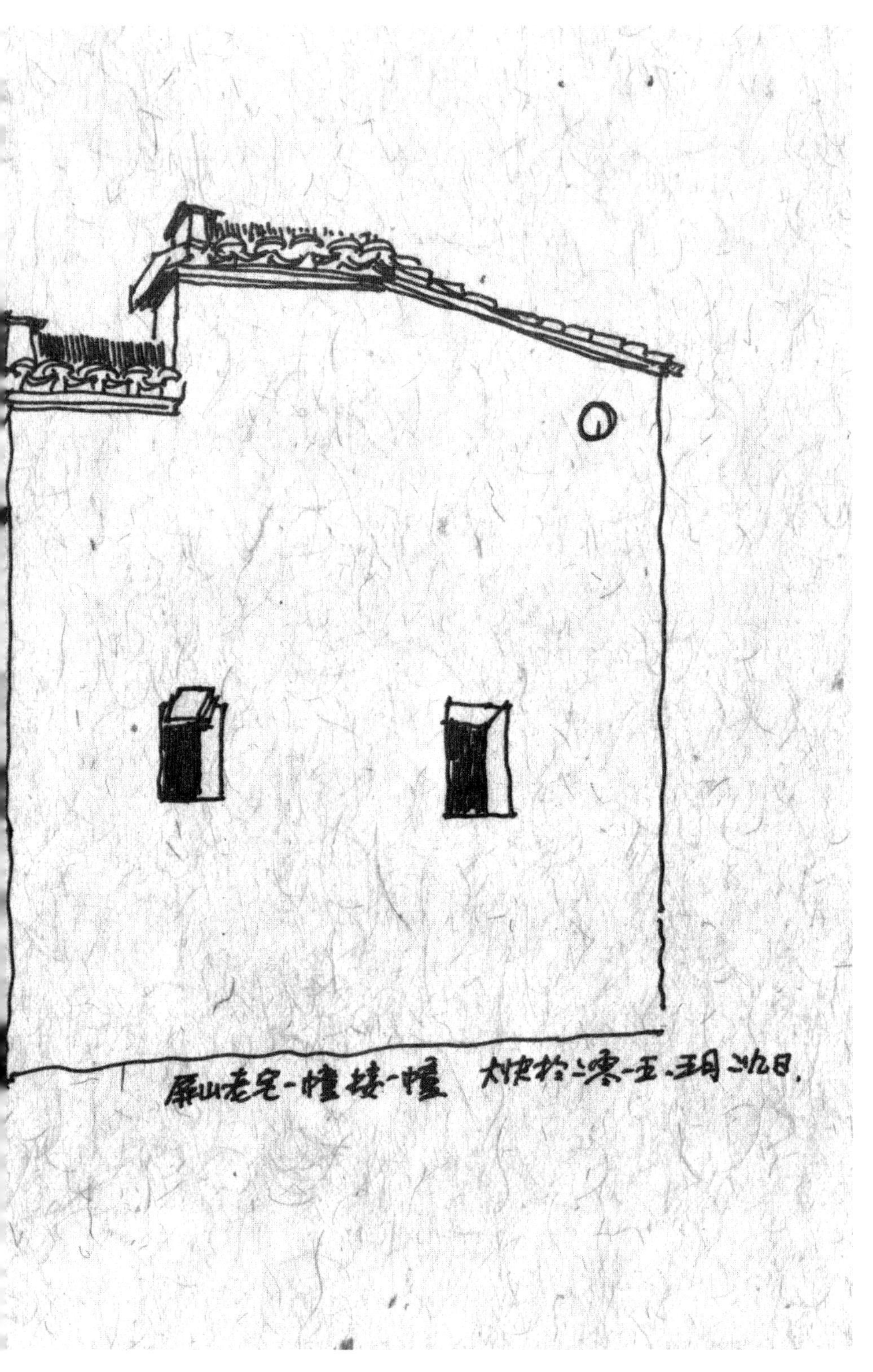

中国民间民居是人类建筑的一个秘密宝藏。中国幅员辽阔，地大物博，由于人们的民族不同，居住、环境、气候等各项因素的差别，中国民间民居也呈现出千差万别的面貌，其中位于现今安徽南部（我们简称皖南地区）与江西婺源地区的一种民居就是其中的优秀代表，这种民居我们称之为徽派建筑。它独特的建筑风格与高雅的美学价值不仅是中国古代人民遗留下来的宝贵财富，也是我们学习建筑设计过程中巨大的灵感来源。正是基于这些，他才能够早在2008年北京举办奥运会时就成为我国向世界推介中国的名片之一。世界著名华裔建筑设计大师贝聿铭在参观完徽派建筑之后，对这些民居建筑评价极高，并将他们称之为“国家的瑰宝”。下面我们就通过对徽派建筑的风格、特征及美学价值的了解来分析他们的巨大价值所在。

徽派建筑区别于其他建筑形式的独特特征。

一、融建筑于山水之间，建立良好的自然环境氛围。

古徽州对村落的选址往往都是依山傍水，讲究环境优美，将建筑融汇于山水之间。水是村庄选址的主要考虑因素，水是生活之本，离开了水，人们就无法生存，所以靠水是首要选择。像黟县的宏村就是其中

皖南徽派民居

安徽黄山屏山村·刘忱於二零一五年三月二十五日.

优秀的代表。宏村建村之时就是靠村中的一汪清泉而建，先人们利用这眼泉水在村中开凿半月形的月沼，再将村西部吉阳河之水引入村中，打造走街串巷的多条水道，还将村前的百亩良田开掘成为南湖，使整个村庄被水环抱，人们生活饮水十分便利；而村庄北面又有雷岗小山，可以抵御北面的寒风，使村庄形成靠山面水的格局，长流不息的山溪河流滋养着村中的人们，山岭不同季节，不同气候，景色各不相同，人与建筑都相融在山水之间，村在水中立，人在画中游，是中国村庄天人合一、人与自然完美结合的光辉典范。

二、群房一体，营造一个富有美感、整体性非常强的建筑集合体。

远远看过去，一座座徽派村庄就像一个个黑白几何形体构成的迷宫方格。徽派建筑形态在中国民居中十分具有个性，他所有的山墙都采用逐级跌落的阶梯状形态，墙上还做有向上翘起的檐角，这种山墙因为形状像极了马头，所以我们将它称之为马头墙，这种墙的主要功能是用于间隔隔壁的建筑和防火，所以我们把这种山墙还叫做封火墙（风火墙）。这些由直线构成的建筑形态，一幢幢一座座相互依存，形成了一个有机的整体结构，加上白墙黑瓦的朴素色彩，所以整个村庄看上去犹如一个整体，这种黑白灰色彩的建筑在质朴中透露着清秀的美感。

三、十分灵活的多进式院落，铺陈出庭院深深深几许的幽深气质。

徽派建筑的平面布局是以天井为中心而围合成的多进式院落，其房屋按功能、规模、地形灵活地布置，且富有强烈的韵律感。天井是徽派建筑中一个十分重要的存在，大部分的雨水经过屋顶的瓦片流向天井是古代徽州人对财富的向往，按照中国古代五行风水理论，金生水，水就成了财之源头，雨水通过下垂的屋面，落入屋内的天井，则寓意着财富的集中，这种设计我们称之为“四水归堂”，取其财不外流的寓意。徽派建筑一个个递进的院落富有规律，且显得幽深、安静，他们与一个个天井一起构成了这种灵活的建筑布局，是中国民居不可多得的建筑构造。

四、由砖雕、石雕、木雕等三雕烘托出具有自己独特地域美饰倾向的精美建筑装饰。

而让徽派建筑走入更多人视野的则是那些建筑中无处不在的三雕。徽派建筑的三雕是指木雕门窗楹柱梁架、石雕漏窗与砖雕门楼的合称。古徽州先人用这些普通的材料，通过手艺人精湛的技艺，将一件件精美的艺术品雕刻出来，再装饰到建筑的各个部分当中去，形成了徽雕这种独特的建筑构件，这些雕刻汇花草、动物、山水，建筑、人物于其中，利用浮雕、浅浮雕、透雕、圆雕等多种手法，将一个个物体塑造得活灵活现，栩栩如生，实在令人叹为观止。其中最著名的就是位于西递村的那个著名的树叶形石雕漏窗了，独特的形状、优美的造型都显示出其艺术魅力，我们不得不佩服先人的辛勤汗水与聪明技艺，所以说三雕是徽派建筑的又一大特色。

徽派建筑风格在现代建筑设计之中的应用。虽然说徽派建筑是中国古代建筑的集大成者，但他依然在今天现代建筑设计中以其独特的魅力再现风采。在众多的元素中，级级跌落的马头墙，可以说是徽派建筑的代表元素了，在某种程度上更可以说它是中国建筑的风格，所以在许多的现代建筑设计中，我们都可以看到马头墙的影子设计，设计不仅仅只有罗马柱，更需要属于中国的马头墙。而黑白灰的明朗而又素雅的建筑色彩，也是众多设计者借鉴的对象，著名设计师贝聿铭的许多作品都采用了这一元素，例如苏州博物馆干净的黑白灰色彩，就如同徽派村庄的再现。其实，除此之外，徽派建筑还可以提取的设计元素有很多，他在现代建筑环境设计中还可以发挥得更多更广，这样他的艺

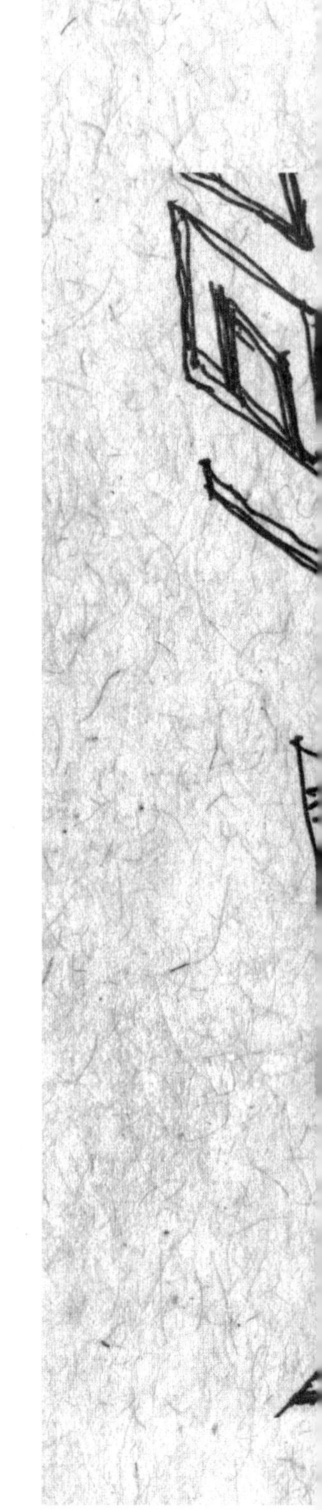

皖南徽派民居

皖南徽派民居

术生命力将会更加持久，而他散发的中国味道，也将更加深远的影响我们的生活。

由江南民间“徽州帮”匠师设计建造的徽派建筑，如今早已驰名海内外，联合国教科文组织也早在2000年把其中的西递、宏村（皖南民居）列入了世界文化遗产行列。作为一种民居，徽派建筑集中地反映了安徽南部的地域自然特征、审美倾向与风水意愿，它是古代徽州重要的人文景观组成部分，也是现今中国传统文人美学

皖南徽派民居

皖南徽派民居

皖南徽派民居

皖南徽派民居

皖南徽派民居

金家井：古井之水是从远处山壁中渗透而来，
水质无菌，其醇可口，流量虽不大，却四季不涸。婺
源著名特产荷包红鲤鱼就是在此井繁衍而出的。刘快于婺
壹伍年伍月贰拾贰日。

皖南徽派民居

江西婺源民居

的集中体现与物质留存，优美的山水环境、纵深的递进院落、黑白色彩的典雅大方以及三雕的叹为观止，都是人类建筑史上不可多得的财富。直到今天，徽派建筑依然充满着无限的生机，这种传统建筑带给现代设计师无数的灵感，让它们的各种美再次出现在现代环境设计中，成为中国大地中一道独特靓丽的风景线。

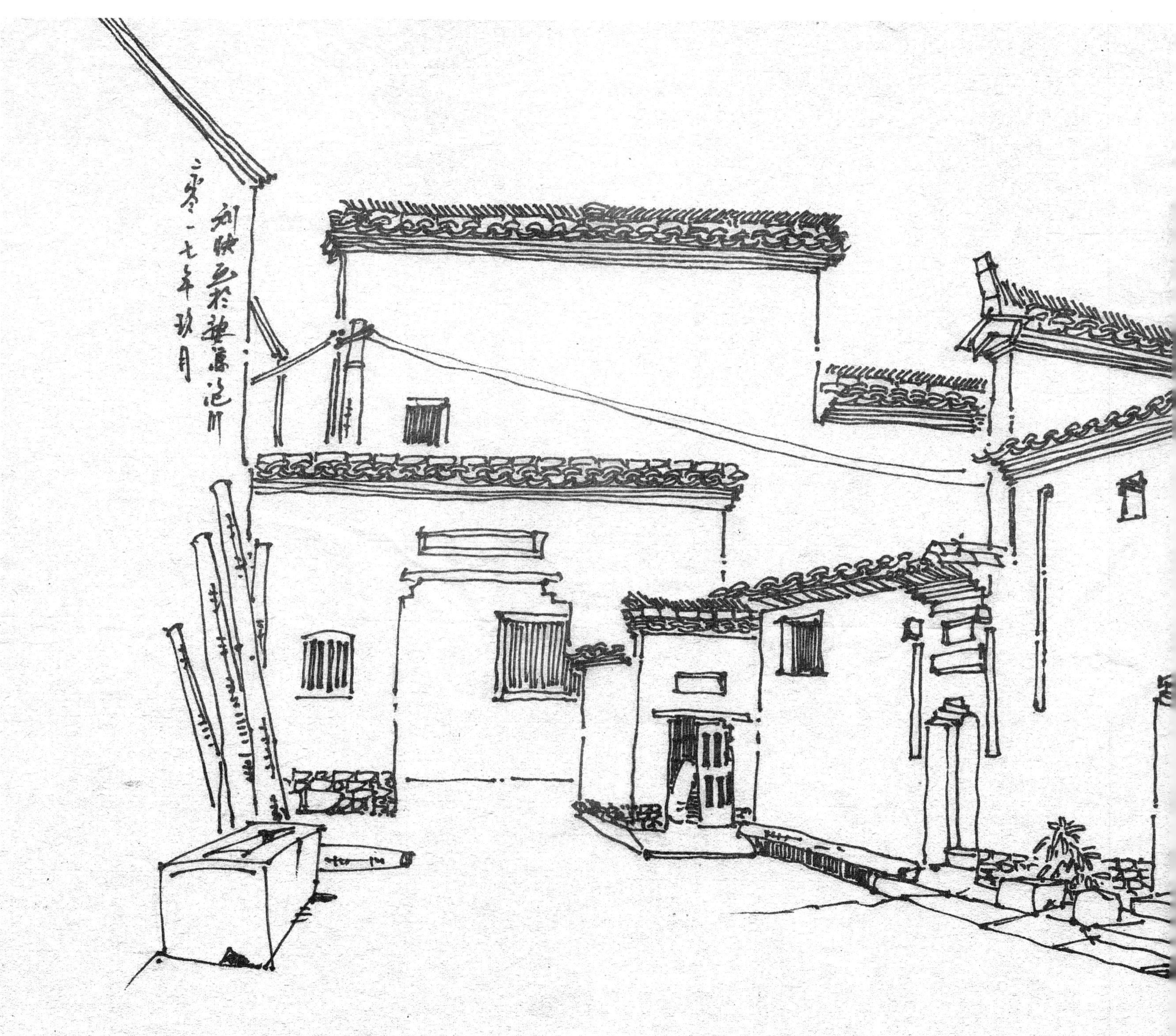
刘映西於婺源沱川
二零一七年玖月

江西婺源民居

刘大快画於江西婺源沱川

二零一七·玖月

江西婺源民居

刘大快画于江西婺源沱川
二〇一七年玖月·秋·

江西婺源民居

婺源理坑・刘快 二零一七年・秋月

江西婺源民居

江西婺源民居

江西婺源沱川镇理坑三省堂入口大门，三省堂建于明末，距今有四百余年历史，是为明末官宅。
癸巳年 秋月 刘昕写于江西婺源
婺源小巷，悠长寂静，刘昕写于江西婺源理坑
癸巳年 秋月

江西婺源民居

江西婺源民居

河南

江西婺源民居

江西婺源民居

第 三 章

福建土楼

FUJIAN TULOU

在中国福建的闽西南地区，有一种特殊的堡垒式建筑，他以自己丰富多彩的造型、庞大的体积、粗犷原始的建筑材料、精美绝伦的建筑装饰和独特的建筑文化在中国建筑史上独树一帜，它就是享誉世界的福建土楼。早在2008年就被联合国教科文组织列入世界文化遗产的福建土楼,不仅是中国的骄傲,更是世界建筑史上的奇迹。日本著名建筑学家茂木计一郎看过土楼之后，激动地将土楼誉为“天上掉下的飞碟，地上长出的蘑菇”，联合国著名文化学者史蒂文斯则称，“福建土楼是世界上独一无二的神话般的山区建筑模式”。由此可见，福建土

福建土楼民居

福建土楼民居

楼确实称得上人类建筑史上的一个奇迹。下面我们就福建土楼的形式与格局、材料与建造，装饰与美学价值等几个方面来了解一下福建土楼的魅力吧。

一、福建土楼的建筑形式与格局。

由客家人设计建造的土楼的建筑形式统一中又富有变化。客家人的祖先来自于中原，他们因战乱和自然灾害迁徙到福建一带定居下来，同时他们也带来了中原地区先进的建筑建造技艺，为了很好的团结族人和抵御外敌，他们无一例外地将家园设计成为围合的堡垒状。同家族的不同人家聚集在一起共同建造，所以一座土楼就是一个大家族，同根同祖不同户，一座楼的各户人家各

福建土楼民居

福建土楼民居

自独立，又相互依存，这是人们居住在土楼建筑里最大的共同点。同时客家人又设计出了不同的土楼造型，最常见的就是方楼与圆楼，除此之外，还有五凤楼、乌纱楼、椭圆楼、扇形楼、八卦楼、雨伞楼、交椅楼、围裙楼、塔形楼、前方后圆楼、马蹄形楼等多达二十种造型的土楼。大部分土楼除开外部造型之外，内部更有天地，一般来说，楼内还会建造一圈到四圈不等的建筑，外圈越大，内部圈数则越多。像位于龙岩永定的承启楼，就是一座有四圈环环相连的土楼。内部的建筑一般都是祠堂、书院等公共建筑。

福建土楼民居

福建土楼民居

一座座不同形态的土楼有机地组合在一起，形成一个个村落，福建土楼大多建造在山地丘陵之中，客家人为了更好的生存下来，将土楼建造在溪河两岸，从高处看上去，就像一条条串珠，完美地融合在青山绿水之中。

二、**福建土楼的建筑材料与建造**。

土楼土楼，生土自然是建筑最主要也是最具有特色的材料。客家人来到福建相对比较闭塞的山区之后，就地取材，使用当地最为常见的黄土作为建造房屋的材料；除了黄土，其他建造材料还有石块、竹木、青瓦等。这

福建土楼民居

福建土楼民居

些材料都来自于当地，人们不要花费太大的力气就可以取得，所以经济而又实惠。人们首先利用石块垒砌土楼的基角，这样做使建筑基础坚硬稳固，可以防止发生水灾时墙角被冲垮的危险，石块基础上再用夯土夯筑厚实的土墙，有的墙体厚度甚至达到两到三米，所以非常扎实，人们在墙上放置一张八仙桌都绰绰有余；聪明的客家人还将竹条夯进土墙内部，这种做法就类似于我们今天的钢筋混凝土，竹条的参与使土墙的结构力更好，更有韧性，可以抵御地震等自然灾害。还有的土楼在建造过程中，往夯土中添加红糖糯米水，位于南靖的最早的土楼馥馨楼遗迹，墙体中就参杂了糯米这样的材料，这样做可以使相对松散的土壤更好地融合在一起，红糖糯米水具有很强的黏性，和土壤搅拌在一起可以成为一个不可分割的整体结构。土楼的屋顶则是用常见的杉木和青瓦构成，屋顶采用的是外坡比内坡长的人字形的两坡屋面，这样可以防止雨水飘落在夯土墙上，防止土墙的坍塌。黄土做成的土楼，最怕的就是水，客家先民发挥自己的聪明才智，顺利地解决了这一难题。

福建土楼民居

福建土樓
刘快写於二零零八年五月

福建土楼民居

三、土楼建筑的装饰与美学价值。

土楼的装饰主要集中在各楼内部的木制建筑构建之上，很多经济条件优越的家族在建造土楼之时，会花费大量的钱财将内部的祠堂、书院等公共建筑装饰得非常漂亮，以此来显示家族的实力。匠人们利用浮雕、透雕、圆雕等手法，将花草、虫鱼、人物、故事都雕刻在木质的建筑构件之上，再用彩绘的方式将各色木雕装饰得五彩斑斓，形成土楼独特的建筑装饰风格。其中最具有代表性的就是位于南靖的怀远楼了，此楼内部装饰精美绝伦，彩绘明艳大方，是土楼装饰艺术的上乘之作。

黄土夯筑的土楼一座座一幢幢矗立在青山绿水之间，他们的色彩与福建蓝天白云、山明水秀的自然环境交相辉映，在视觉上给人极大的美感，而主要以圆楼和方楼为主，其他楼型点缀其中的丰富造型，又让这些普通的民居变得不再普通。此外，还有田螺坑土楼群这样的四圆一方的组合土楼，这种土楼无论从上还是从下观看都蔚为壮观，美不胜收。土楼养育了一代又一代的客家儿女，是一座座名副其实的家族之城，它的美无言中透着波澜壮阔，是中国民居的典范之作。

早在1985年，美国人就从卫星图上看到了伫立在闽西南土地上的这些神奇的土楼建筑，因为这些方圆大型建筑的形态，当时的美国人还以为中国在这里建立了秘密的核设施基地，当他们了解到这只是中国人民用勤劳和汗水铸就的一座座民居堡垒时，他们不由得感叹中国人的智慧与创造力。如今，土楼早已蜚声海内外，不仅是搞专业的人来这里调查与研究，各种肤色的游人也都蜂拥而至，都想来看看这些神奇的建筑，他们独特的美学内涵、丰富的科研价值，都给我们后人数之不尽的灵感与帮助，愿福建土楼能够永葆魅力，为人类文明的传承保留一份精彩的印记。

福建土楼民居

第四章

江西渼陂民居

JIANXI MEIBEI MINJU

在江西吉安市青原区一个山清水秀的地方，坐落着一个美丽的村庄，一条名为富水的河流傍村而过，几百户聪明勤劳的人们生息于此，这就是渼陂古村。渼陂的“渼”，指的是波光粼粼的水，“陂”，指的是河岸，而渼陂一词，原来是我国陕西户县一座湖泊的名称。在南宋初年，户县先人因北方战乱、民不聊生，所以带着族人跋山涉水迁徙至此，因为族人思念故乡，所以这把渼陂这个湖泊的名字给自己定居的村庄命名了，到现在，渼陂已经发展成为“庐陵文化第一村”，从祖先迁徙至此，距今已经有近千年的历史，村中族人主要姓梁，至今已

江西渼陂民居

江西渼陂民居

江西渼陂民居

历传了三十三代。

近千年历史的渼陂古村是一个融祠堂文化、明清建筑、雕刻艺术、红色遗址为一体的古村落。至今，村中还完整地保留了明清建筑三百六十七栋，民居、祠堂、书院、牌坊、楼阁、店铺、码头、教堂、革命旧址各不相同。占地一平方公里的渼陂古村布局为前村后街，而成八卦状分布的街巷皆采用卵石铺地，村中还建有与村后富水相连的二十八口水塘，这里是取天上二十八星宿的寓意。

渼陂民居是较为典型的赣式建筑，大部分都建于清代和民国初年，民居青砖灰缝，黑瓦盖顶，风格庄重典雅，简朴实用；砖结构的建筑中参杂了少量用土砖砌筑而成的土坯房，青灰、土黄色彩搭配也显得十分和谐，别有风味。村中最为精彩的建筑就是祠堂了，位于村口最重要位置的就是梁氏家族的总祠——永慕堂。这座祠堂风格大气，建筑高大雄伟，门楼梁架飞檐，木雕精湛细致，是渼陂村最重要的建筑之一。永慕堂是一个三进的递进式院落，屋中用红色砂岩制作的大柱子最为特别，一般建筑中，我们都只能看见用木头来制作柱子，这种红色石柱极为少见，而像抱鼓、门簪、柱基都无一例外使用红色砂岩制作，这种色彩与大气的建筑形态极为协调，为建筑增色不少。由于渼陂古村十分重视教育，所以村中建立了较多的书院，如敬德书院、明新书院、振翰书院等，这些均为清代建筑的原作。

村中最多的还是民居了，这些建筑大多都是清代和民国初年修建的，民居采用穿斗构架，青砖灰瓦，民居墙体都使用尺寸较大的青砖砌筑而成，民居室内以青砖平铺地面，富有的人家还会用青石板来砌筑房屋的四个基角，以保护民居不受风霜雪雨和潮气的侵蚀。据村中老人讲，有些建筑在建造时会在灰浆中参杂很稠的糯米米浆，有的还会加入桐油、蜂蜜，这样可

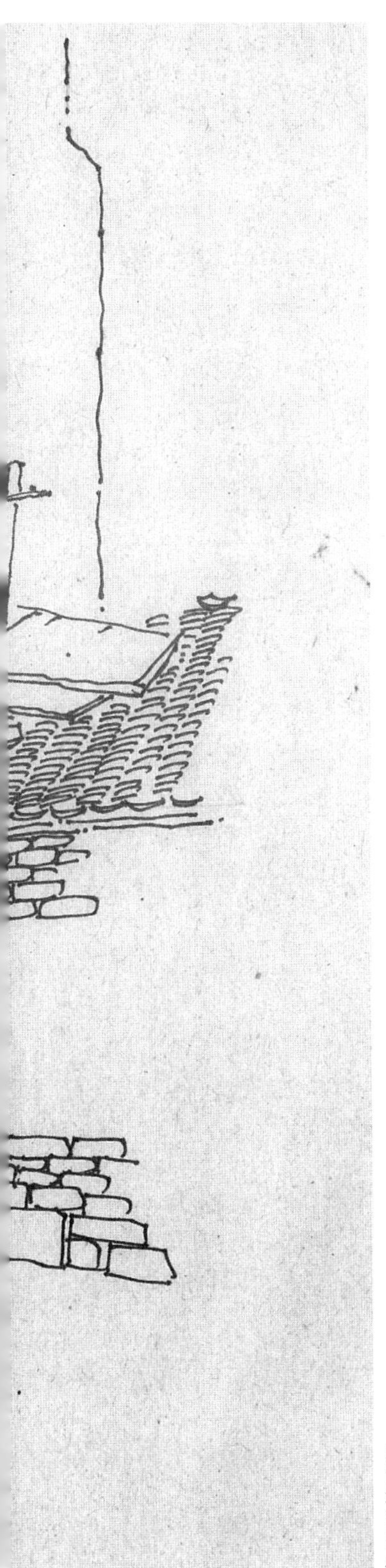

江西渼陂民居

江西渼陂民居

以使灰浆的强度、黏合度和致密度得到增强，有些甚至比我们现在的水泥效果都要好。渼陂民居建筑多为一明多暗的“凹”字形传统民居建筑形式，平面布局较为简单。另外还有一种组合式的民居，就是在主体建筑的一侧或两侧加盖花厅，以增强建筑的美感。

渼陂民居的装饰也具有一定特色，除了使用红色砂

江西渼陂民居

岩制作的各色石雕点缀其中之外，采用木雕的各色建筑构件也比比皆是，因为村中多木匠，所以这些木构装饰基本上是由村中的匠人自己完成。房屋内部最有特色的就是堂屋的藻井了，原木制作的藻井一般呈八卦形，周围采用彩绘装饰，中间装有透明的玻璃瓦，用于采光。外墙墙壁上还经常使用灰塑的方法，用浅浮雕的形式装饰有各色图案，内容多为瑞兽、花草等。

渼陂古村，经历了八百年的风雨沧桑，给我们后人留下了许多精美的建筑财富，但很多建筑遭到了严重的破坏，作为从事建筑行业的我们更加要对其进行保护研究，让这些建筑遗存，今后可以更好地展现在我们后人面前，来诉说一段段古老的故事。

江西渼陂民居

江西渼陂民居

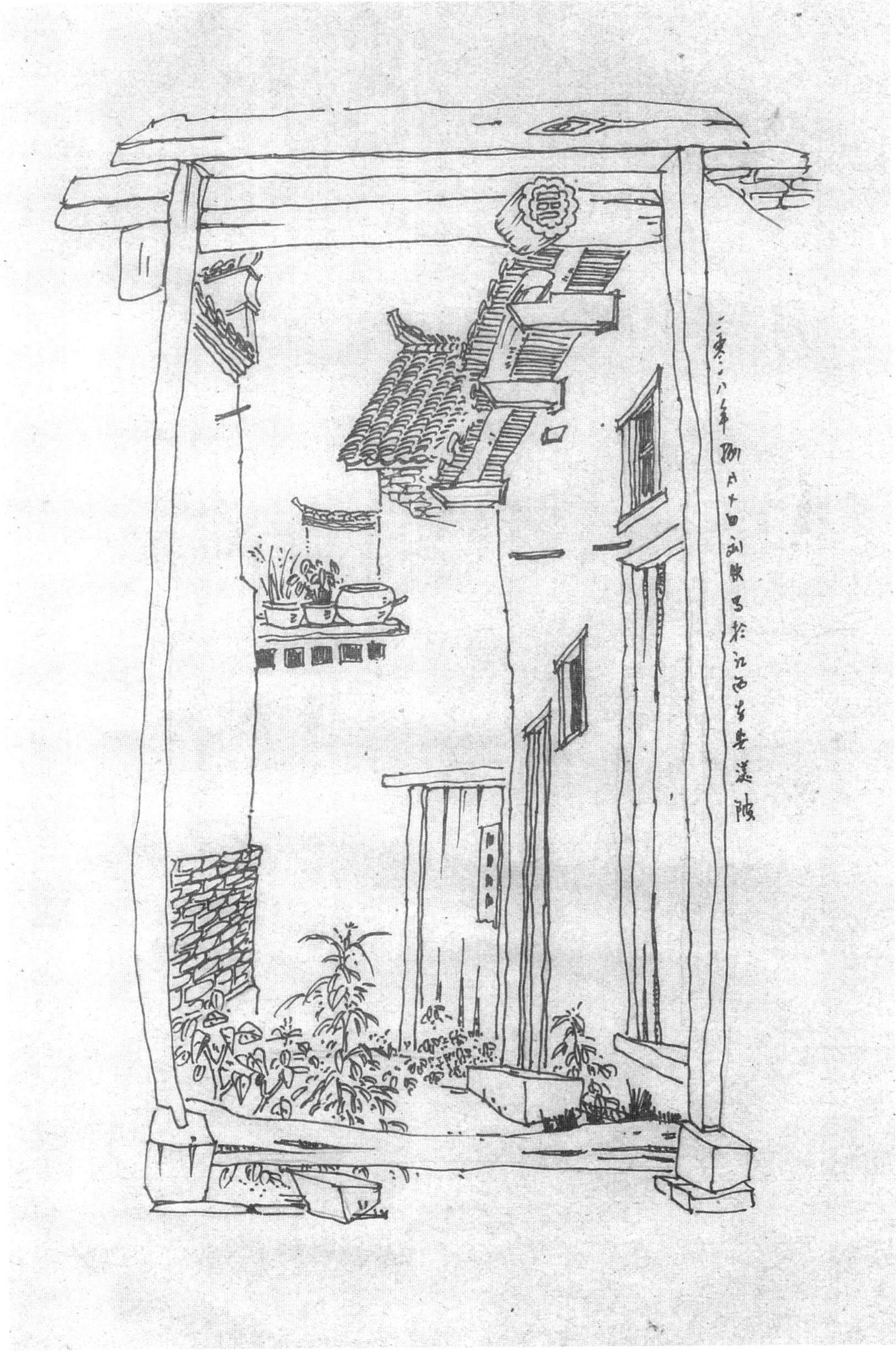

江西渼陂民居

江西渼陂民居

江西渼陂民居

江西渼陂民居

江西渼陂民居

江西渼陂民居

江西渼陂民居

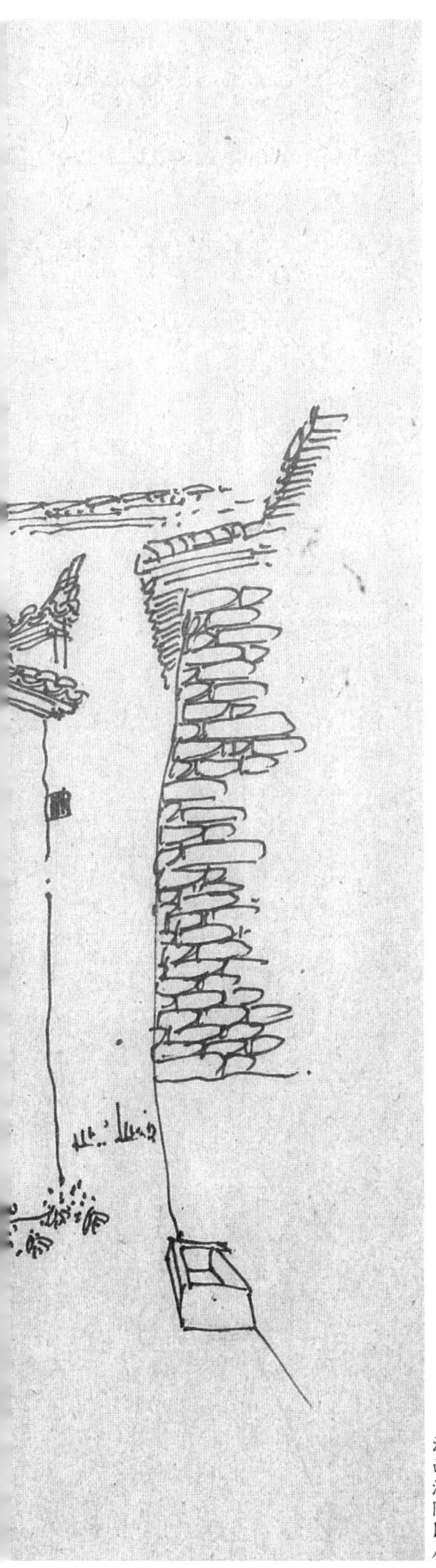

江西渼陂民居

江西渼陂民居

江西渼陂民居

江西渼陂民居

江西渼陂民居

江西渼陂民居

江西渼陂民居

第五章

海南黄流民居

HAINAN HUANGLIU MINJU

海南岛位于北纬20度以南的中国海上，是我国第二大岛屿。乐东处于北纬18度附近，毗邻三亚、五指山两市，黄流是乐东地区的一座小镇，它处在乐东地区最南端。整个乐东地区南面临海，北面靠山，属于热带海洋性气候，这里常年气温炎热、湿润多雨，5—8月多台风。地形以山地和小平原为主，有热带原始森林，植被茂盛，林中多产高大粗壮的各类硬木。这里泥土含沙量较高。居民以农业为主，海产丰富；民族在平原地区以汉族为主，山地多黎族和苗族等一些少数民族；生活在此地的人们聪明、朴实、勤劳，民风淳厚好客。这些地理气候

海南黄流民居

海南黄流民居

人文条件直接影响了民居的建造，从而形成了海南黄流独特的民居建筑特色。下面就民居建筑格局、建筑材料、装饰风格等要素浅谈海南岛乐东县黄流传统民居。

一、**黄流民居建筑格局**。黄流民居基本为一层或两层的砖瓦结构建筑。房屋的建筑平面为一明两暗三开间的传统民居建筑形式，建筑正中为厅堂，左侧为厨房、杂屋等房间，右侧为卧室、客房等房间，房间功能分区合理，符合民居的一般规律；外墙为砖结构清水墙或表面作石灰素面粉饰，整体效果统一和谐；屋顶为木结构梁架支撑，两坡屋顶，盖瓦，屋脊正中有塔状隆起（正脊），两端有上翘檐角，屋檐盖有瓦当、滴水；门窗为木结构构件，窗多为两层，一层是几何形木格窗棂，一层是实心木板。每当台风等恶劣天气来袭时，放下实心木板就可以抵御台风对建筑内部的侵袭，平常则将它高高吊起，利用通透的木格窗采光透气；整个民居周围大量种植香蕉、椰子、槟榔、龙眼、荔枝等果树，这些树木常年青翠，郁郁葱葱地将民居包围在中央。民居整体格局朴素大方，建造式样简洁明朗，环境优美清新，适合居住。

二、**丰富、传统的建筑材料**。黄流民居在建筑材料的选择上是具有典型地域特征，建筑材料全部就地取材。

当地人运用当地含沙的泥土制作砖瓦坯进行烧制，烧出来的砖与瓦与大陆内地的砖瓦不同。内地烧制的砖瓦呈青灰色或红色，质地紧密；而海南含沙的土质烧制的砖瓦色泽呈淡淡的黄白色，体表平整光滑，质地紧致，但砖瓦体内大量的沙眼使这种砖瓦透气性极佳。这种特性十分适宜海南潮热湿润的气候特点，用这种砖瓦建造的房屋，屋内的小气候与屋外的大气候能更好的贯通，减少海岛长时间多雨、潮霉带来的种种不便，使人们能够更加舒适地居住。

海南岛岛内石灰矿不多，但在建造房屋时需要大量的石灰来作砌材，要从内地运输石灰到岛内，既不方便成本又太高。智慧的海南人发现，海南岛地处热带，沿海一带的海底生长着大量的海洋动物——珊瑚。珊瑚虫骨骼堆积形成的珊瑚礁的主要成分是碳酸钙，与石灰成分相同，于是人们就近收集浅海里的珊瑚礁，通过炼制，把它加工成石灰。（当然，现在看来，这种行为是以生态环境的破坏为代价的，所以现在这种做法已经被禁止了。这里不是提倡这种杀鸡取卵的做法，仅仅是对这一实际情况进行阐述）然后，在石灰中添加含碱的草木灰，使之成为一种很好的建筑砌材。这种材料黏合性能好，可塑性十分强，不仅可以用作砌砖瓦、粉饰墙面等土建用途，也可以充当建筑塑型的装饰材料。

地处热带，长年气候温润的海南岛，林木资源十分丰富。岛上大片的原始森林中生长着种类繁多的优质林木材料。海岛人民利用这一得天独厚的资源条件，在民居的营造中运用许多优质木材作为建筑材料。在房屋建造中运用青梅树（黄褐色）、海南花梨木（红褐色）等木材制作梁柱、木板隔断、门窗等建筑构件；运用荔枝木、苦楝木、花梨木等木材制作各种家具等室内陈设。这些木材不仅木质结构紧密，气味芳香，而且色泽纹理都是大自然赐于的，美不胜收。这样一些木材不仅珍贵，可防虫蛀，且大部分能经得起数百年的风雨磨砺。使用这样的木材建造房屋，坚固耐用。所以在海南人住宅里，一般都有一处大面积的专用场地存放大量的木材，作为建造房屋的储备材料。

三、**充满地域特征的建筑装饰风格**。由于黄流地处

海南黄流民居

海南黄流民居

海南黄流民居

沿海这一地理特征，黄流民居建筑装饰带有很强的地域特色。

黄流民居的建筑装饰材料有以珊瑚为原料制成的石灰，这些石灰通常会添加草木灰等其他一些材料再使用，黏性好，可塑性强，除了砌墙体以外，一般还用做粉饰墙面、堆塑造型等装饰建筑材料；有以本地含沙量多的黄白泥土烧制的带有装饰纹样的砖瓦；有用于雕刻装饰木建筑构件的海南花梨、海南红木等海南独有的木材。

黄流民居建筑墙面常使用石灰，采用堆塑的手法进行装饰。在门头、窗头上塑有南洋风格的几何样式装饰。这是从东南亚一带传来的装饰风格。这些建筑装饰风格是当年远赴南洋经商的海南人衣锦还乡之后，从东南亚带回来的先进的建筑技术。但本地的建筑工匠并没有生搬硬套，而是将它们与本地一些装饰风格结合起来。如在建筑正面的墙体上装饰有用石灰堆塑出的鱼、蛙等动物形象，这些装饰主要用于建筑的排水口。每一条鱼或蛙都是张着嘴的形象，嘴与排水口重合。其中有的只塑有鱼头，造型简洁；有的将整条鱼的形象都表现出来，塑造繁复，连鱼身上的鳞片、尾鳍上的纹路都刻画得细致入微；有的将鱼塑造在墙体之上，鱼的躯干扭动着，形态夸张，仿佛刚刚从海上捕捞上来的一样。总的来说都十分生动，给人以呼之欲出的艺术感受。很容易看出，这些形象都是沿海地区常见的，也是这里的居民最为熟悉的，所以才会塑造得形态各异，栩栩如生，体现了民间艺术家对生活的热爱。

黄流民居现存的建筑大都始建于二十世纪初期，其中也有清代末期遗留下来的上百年的老建筑，这些民居常年累月的使用，经过风吹雨淋，都或多或少出现了开裂、墙面坍塌等问题，而损失最严重的就是由石灰堆塑的墙面装饰与屋脊的檐角，风化、剥落、褪色等现象使这些造型各异的建筑装饰渐渐淡出了人们的视野，这些年久失修的房屋，由于残破不堪，很多都荒废被人遗弃了，无人居住、看护更加加剧了建筑破坏的速度，现在我们只能从断断续续的、大量的建筑残件中猜想它们往日的风采。根据建筑现有的状况，以及本身具有的丰厚的建筑文化内涵，海南黄流传统民居作为中华民族众多优秀文化遗产中的一部分，理应受到重视和保护。

第 六 章

广西黄姚古镇

GUANGXI HUANGYAO GUZHEN

在广西贺州昭平县东北部，距离贺州市区四十公里的地方，有一座古朴幽静的小镇。它坐落在风光优美的喀斯特地貌中，发祥于一千多年前的北宋时期，她保存着明清以来的三百多处各式建筑，有寺观、祠庙、亭台、楼阁、民居、城楼等，它就是广西著名的黄姚古镇。黄姚古镇2007年被国家文物局列入第三批“中国历史文化名镇”。它周围被真武等九座大山环抱，一条小江穿镇而过，江上各色石桥连接两岸，江边千年古榕伫立。整个古镇面积有一点六万平方米，完整地保存着八条青石板街，古镇建筑具有很高的艺术审美价值，其设计建造独具匠心，是中国民居建筑中一处宝贵的遗产。

黄姚古镇是因为明末清初一部分商人躲避战乱，迁徙至此建立家舍逐渐扩展而成，出于抵御战乱和防止盗贼掠夺财物的考虑，所建造的房屋建筑都有着较强的防御功能。古镇里，民居的营造多以祠堂为中心，并向外辐射修建。现在的黄姚有八个大的姓氏、九座宗祠、两座家祠，同姓居民通常围绕自家祠堂周围居住。黄姚古镇民居建筑是以广东民居建筑形式为根本而修建的，其山墙与平面布局均参考了广东潮汕民居的特点，平面形式为前后两进院落，中间用走廊连接，每个院落里都设有天井，每一进都有两到三四间不等的房屋。古镇民居基本上采用砖瓦结构建造而成，有些建筑采用清水墙，有些则使用白灰粉饰，屋顶为两坡屋面，上面覆盖着青灰色的瓦片，屋檐上盖有瓦当滴水。整体建筑冷峻干净，与周围的山川河流气氛十分融洽。

古镇民居建筑装饰十分有特色，因受到广东一带的岭南建筑装饰的影响，建筑装饰内容题材丰富多彩，有花草、植物、动物、瑞兽、人物、神仙、建筑、楼台等，其制作方式为广东广西一带常用的灰塑技艺，即使用掺有稻草灰等碱性物质的石灰进行装饰的塑造，通常在屋脊、屋檐、山墙、飞檐翘角上进行装饰，其中又属屋顶的装饰最为华丽，灰塑完成之后，工匠还要对灰塑进行彩绘，远远看上去，整个建筑华丽多彩，热闹非凡。除了这些灰塑，建筑的梁柱、斗拱以及室内的墙面、天花都雕梁画栋，各种砖雕、石雕点缀其中，形态千姿百样，栩栩如生。

古镇中最有特色的就是其建筑均坐落在一条清澈小河两岸，由数座不同造型的石桥连接，遒劲苍老的百年榕树向我们诉说着古老的历史，河边的竹林随风摇摆，堤岸上青瘦的黑色礁石独具特色，他们一同构成了一幅幅自然和谐的独特景观，这种景观在城市中极为少见，也是中国“天人合一”美学价值的具体体现。古镇的街道也是其中一个非常有特色的部分。街道路面皆采用青石板铺装而成，街面上店铺林立，当年繁华富庶的场景可见一斑。最具特色的是，我们还可以在街巷的青石板上，看到一排排碗口大小、连成一线的小孔洞，这些小洞当年是为了防御外敌而设计的，每当敌人来犯时，本地居民就将粗壮的木棍插入其中，形成一排排坚固的闸门，这种设计，在中国别的民居中也属少见。

清朝时，黄姚是湘西、桂北出海必经的通道，在历史上有着十分重要的地位，我们在这座古镇中，不仅可以领略到精美的建筑，优美的小桥流水景观，千年古榕的历史，也能在悠长的街巷中感受这里曾经的繁华与富有。

广西黄姚民居

广西黄姚民居

广西黄姚民居

广西黄姚民居

广西黄姚民居

广西黄姚民居

广西黄姚民居

广西黄姚民居

第七章

河南石板岩民居

HENAN SHIBANYAN MINJU

河南省林州市石板岩位于中原腹地的太行山东麓，地处河南、山西、河北三省交界处，所以被冠以“鸡鸣闻三省”的称号。这里大山巍峨，峡谷丛生，林木繁茂，兼具雄秀之美。就在这巍巍太行峡谷之中，许多美丽的村落就坐落于此，当地人根据自己生活的环境创造了独特的生活方式，而这种生活方式的具体体现就是林州石

河南石板岩民居

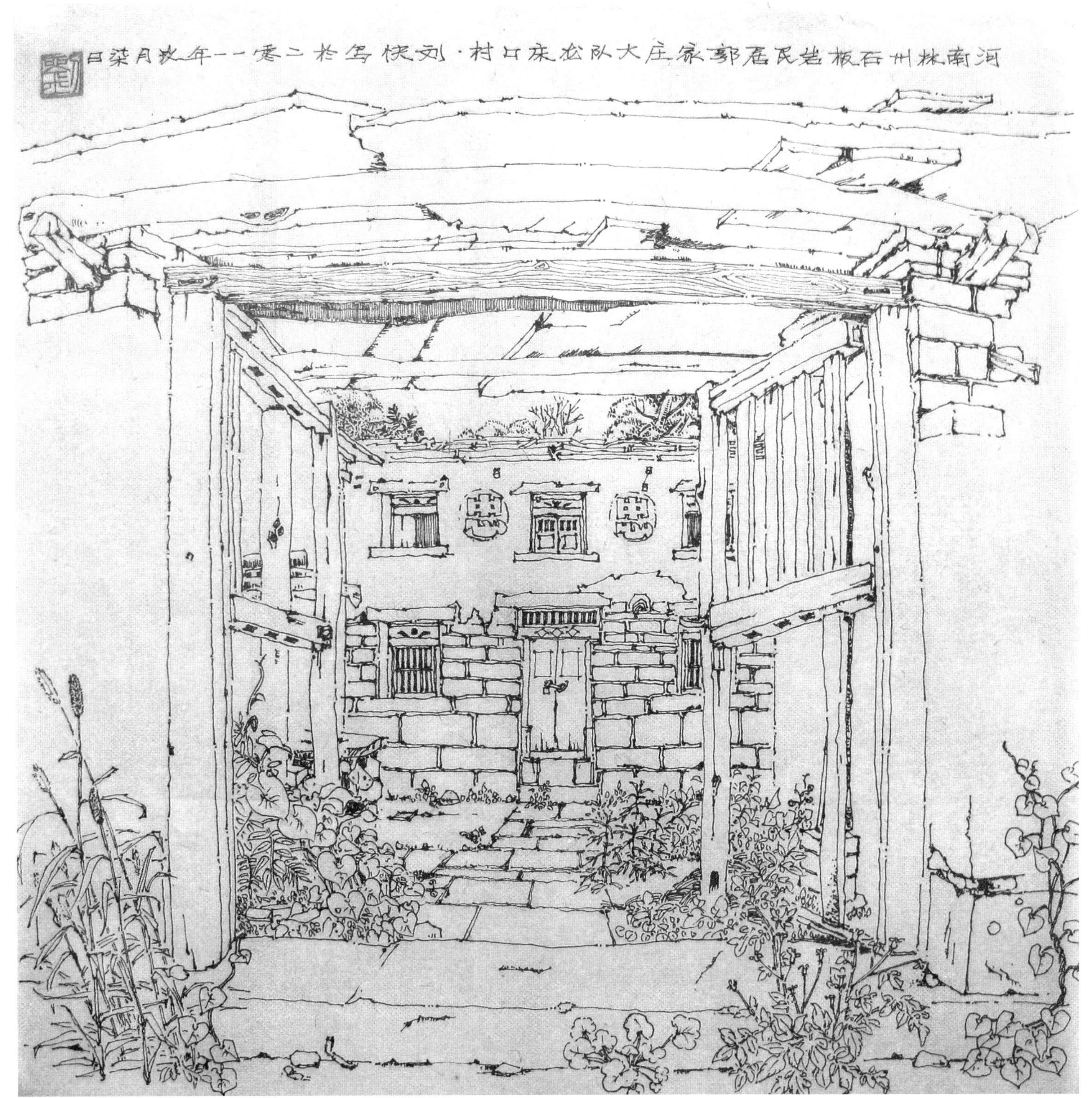
河南林州石板岩民居郭家庄大队松床口村·刘快写扵二零一一年秋月柒日

河南石板岩民居

河南石板岩民居

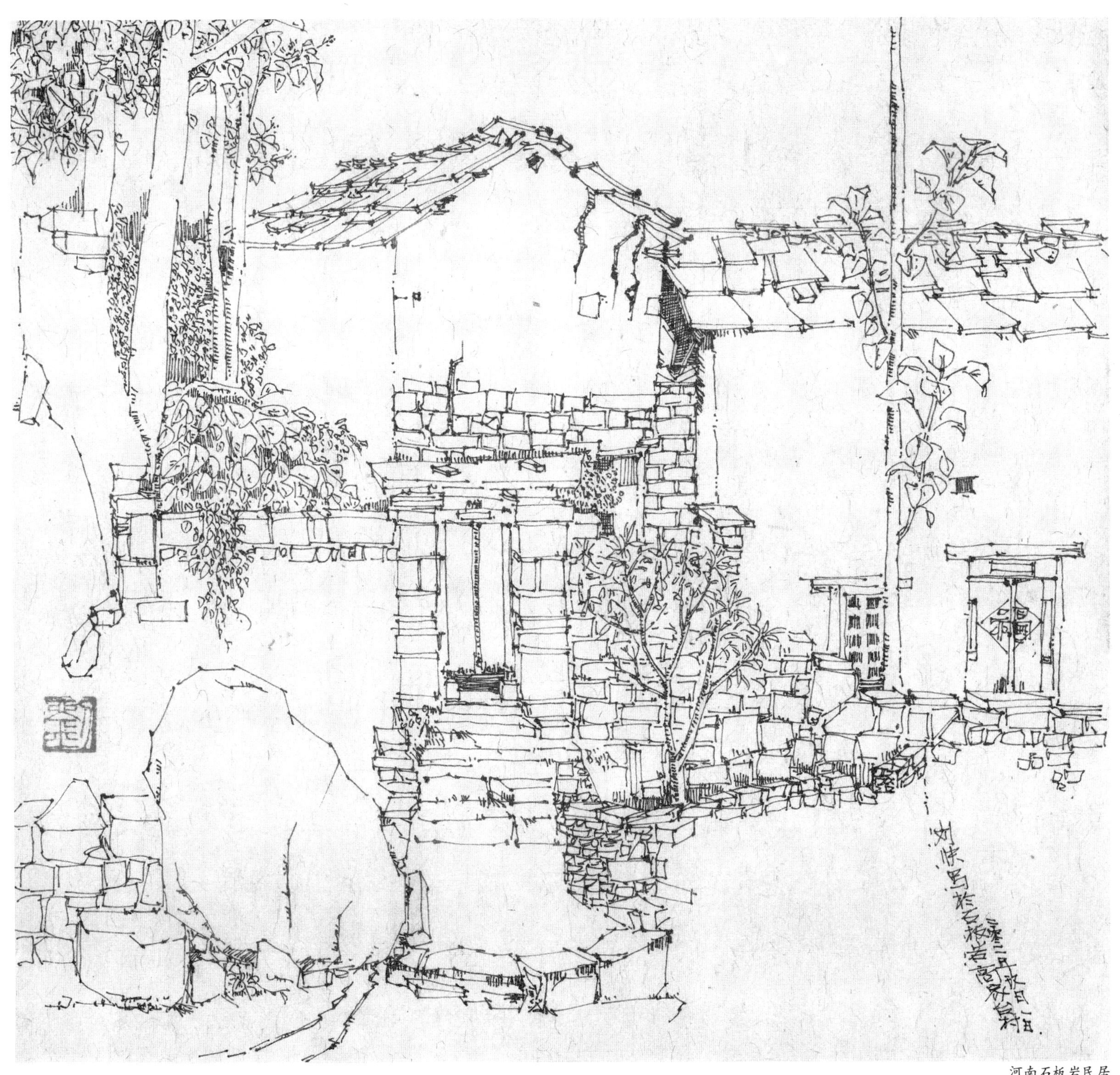

河南石板岩民居

西乡坪村是一处建在高台地上的河南村庄，村庄里住着申姓、马姓、赵姓的人家最多。刘快 二零一零年写于河南林州 石板岩乡西乡坪

河南石板岩民居

板岩别具一格的石头建筑与石头文化。下面就石板岩民居建筑的建筑格局、建造材料与建筑美感等要素浅谈河南林州石板岩民居建筑。

一、石板岩民居建筑格局。石板岩民居是中国北方常见的民居形式，大部分为简洁的传统合院式建筑，不是三合院就是四合院，但每一幢房屋都是单独建造，房屋之间没有相连，而是留出一条窄小的间隙，进入每一栋房屋都要经过中间的庭院。除了这些合院，也有较为简单的一字房民居。

所有民居房屋均为墙承重的两层石木结构房屋，建筑主体使用岩石块垒建，由于运用收分墙体的建造手段，房屋内墙面垂直，而外墙面则成一定角度，所以房体下宽上窄，呈梯台状，上轻下重，如同堡垒一般的形态有利于房屋重心下降，坚固不倒。民居第一层房间基本用于起居住人使用，第二层为低矮的阁楼，一般是堆放杂物、贮存粮食、晾晒作物的场所。顶为两坡屋顶，使用形态不规则的岩板搭盖，而不是使用

河南石板岩民居

河南石板岩民居

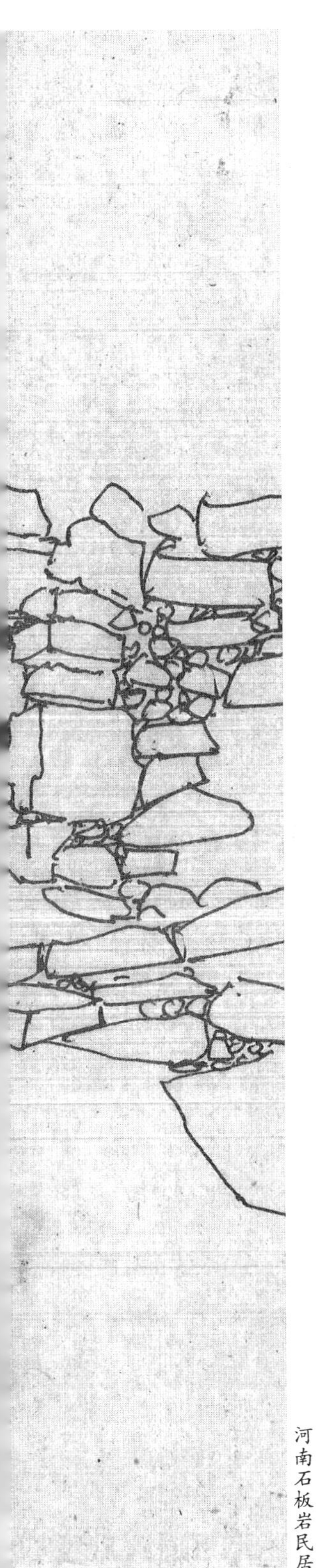

我们常见的屋顶材料瓦片，岩板层层叠叠，由上而下，前后左右皆出檐，将房屋主体遮盖严实，保证雨水不侵蚀内部结构。

庭院内部放置有石桌、石凳、石水缸等石质生活用具，一应俱全，有的还会在庭院中栽种果木；经济条件优越的人家会将自家的入户大门修造得非常精美，门头不仅使用雕工精湛、吉祥纹样的石雕木构作为装饰，有些还会在木构件上进行彩绘，一些人家还将建造房屋的时间用天干地支的形式记录在门头两侧，让后人不忘先辈最初的辛劳。

院外宽敞的人家通常会用碎石块在庭院外垒建低矮的石围栏，把石碾、石磨、石柱等一些石质生产农具放在这里，看来，人们对生活、生产区域的划分还是非常清晰的；有些人家还会在院外更宽敞的地方建造专门的碾房、磨房来从事生产劳动；村中每几户民居建筑旁就会有用岩石建造的石庙，里面供奉有山神、土地神等当地居民信仰的地方神灵，希望他们保佑这一方水土；如果房屋在坡地之上，那么还会建有下坡的石梯，石梯从上而下，曲折而落，在村落中勾勒出优美的线条。整个石板岩民居建筑中只有门、窗棂和梁、檩、椽子等构件使用木质材料，其他都使用石材建造，它们伫立在石山之中，和谐统一。

这些由石板、石块垒砌而成的石板屋，形体高大而又不失稳重，看上去给你一种坚不可摧的安全感，虽然质感粗糙，但它原始的粗犷和野性之美在随着季节变化着色彩的树丛之中，在太行群峰林立的自然背景之下，相融相依，和谐共处，向我们展现出质朴而厚重的山野情趣，产生出一种动人心魄的魅力。

二、石板岩民居建筑的建筑材料。林州市石板岩在建筑材料的选择上具有典型地域特征，建筑材料全部就地取材。这一特点集中体现了民间造物“就材加工”与“量材为用”两条最基本的原则。

石板岩民居建筑材料以石、木材、泥土为主要材料。林州石板岩在太行山峡谷腹地，住在山里的居民出入往来极不方便，运输各类东西基本都是依靠人力进行，少量稀薄的土地只能用来种植粮食，更不要说满足烧制砖瓦等建筑材料，而山外的砖瓦又很难运到山里来，于是太行山那些取之不尽、用之不竭的岩石就成了人们建造房屋的好材料。太行山的石头不仅遍地都是，而且类型众多，色彩丰富；石板岩的居民在长期与岩石相伴的岁月中大多练就一手采石制石的好本事，他们把岩石打凿成石块，用这些

河南石板岩民居

河南石板岩民居

石块垒建成房屋的四壁；特别是用于铺盖屋顶的岩板是使用页岩这种片层岩石加工制作，石匠只需往页岩岩缝四周打进钢钎，插入铁棍，轻轻一撬，便撬起了一块块一两寸厚的石板，盖顶时，将撬好的石板吊上屋顶，从上至下，依次叠盖，最后在两坡石板之间的衔接处平放上小石板，形成屋脊，房屋就基本完成。太行山的这种岩板，因为其不吸水走水快的特性，所以可以很好的防止雨水侵蚀房屋的内部结构，窗棂、梁、椽子等木质建材就不会因潮湿而腐烂，加之当地常年少雨干燥，所以木质材料也变得坚固耐用，房屋甚至可以使用几百年。

太行人建房选用木材也十分讲究，山中虽然生长着种类众多的树木，但不是每一种树都可以用来建房，只能用木质坚硬的槐树和橡子树。当地人建房更有“椿木为王”的说法。不论盖哪座房子都必须要用椿木。椿木是在大山中生长的一种高大的乔木，它不同于我们采食嫩芽的香椿，椿木不仅木质坚硬，而且防虫蛀，当地人认为它是一种吉祥、能辟邪驱鬼的好木材，所以建房时一定要选用椿木，即使椿木很少时，也要保证每一座房屋都有椿木的存在。这些木材主要用于制作支撑屋顶的梁、椽子等

福建土楼写生(1)

河南石板岩民居

构件。

而“耙子”也是太行石板岩民居中比较特殊的建筑材料。耙子位于椽子与石板顶之间。当地人用一种叫黄花条的枝条，编织成一块块长二米左右、宽一米五左右的长方形片状物——“耙子”，黄花条就是连翘树的枝条，因为它在春天开满黄色的花朵，才被人们形象地称之为黄花条。耙子平铺在椽子之上，再糊上麦草泥，就可以往上盖石板了。

对于房屋内部，建造者先用参有麦秸秆的泥浆糊上一层。泥土本是易碎的物质，但中间夹杂着一些麦秸秆

河南石板岩民居

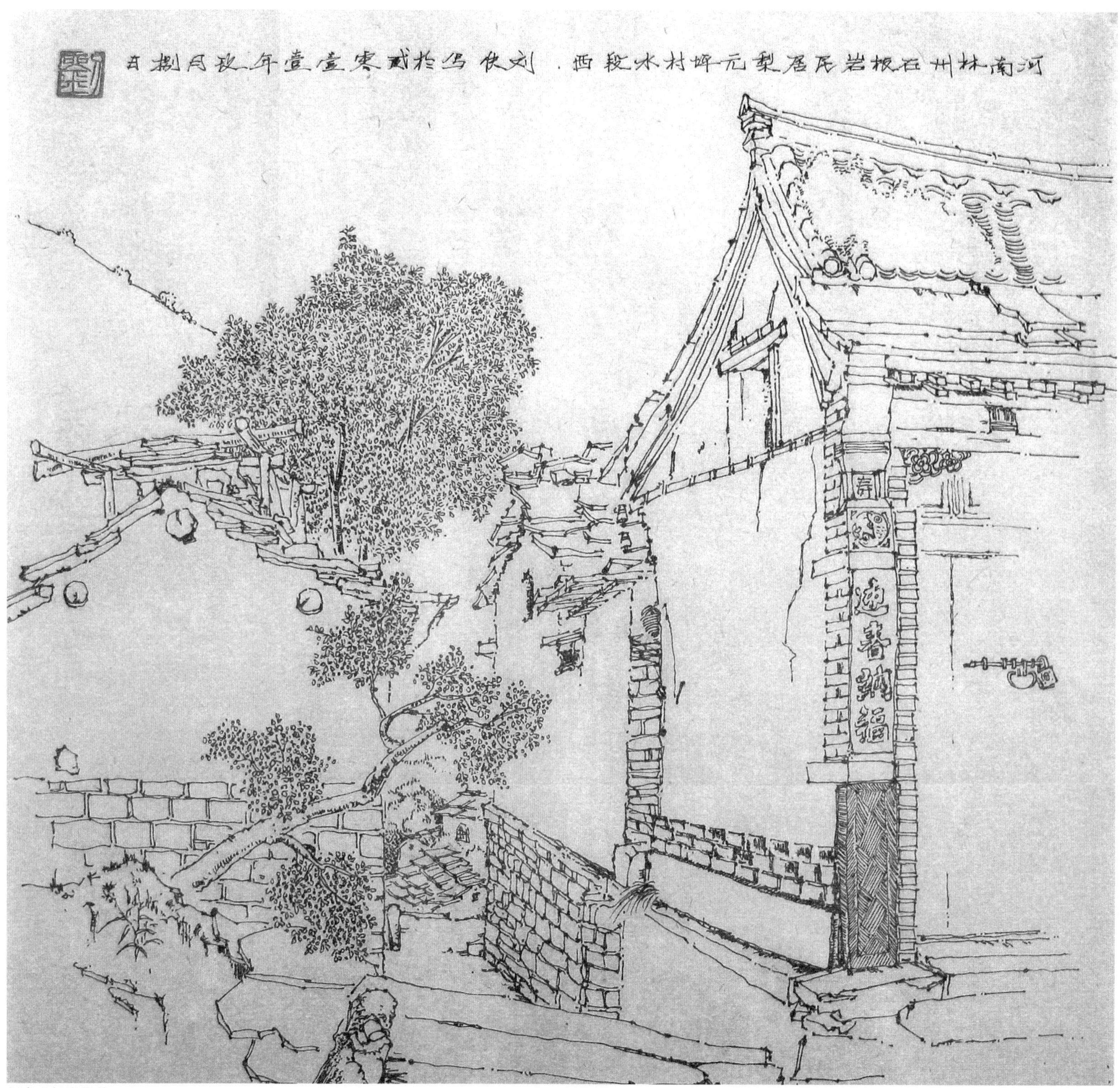

河南石板岩民居

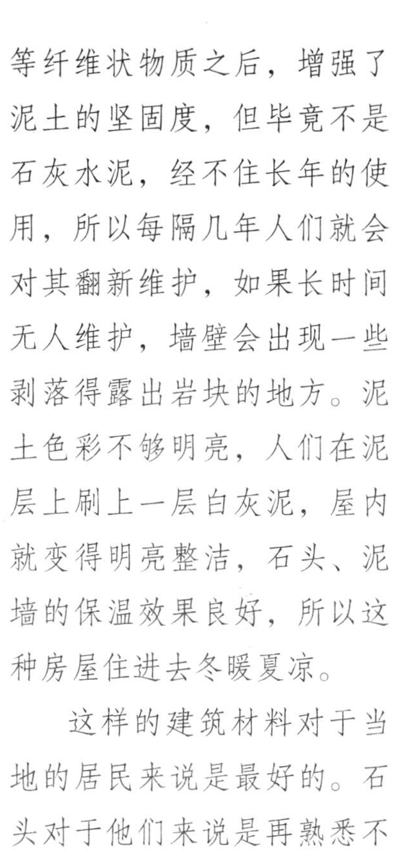

河南石板岩民居

等纤维状物质之后，增强了泥土的坚固度，但毕竟不是石灰水泥，经不住长年的使用，所以每隔几年人们就会对其翻新维护，如果长时间无人维护，墙壁会出现一些剥落得露出岩块的地方。泥土色彩不够明亮，人们在泥层上刷上一层白灰泥，屋内就变得明亮整洁，石头、泥墙的保温效果良好，所以这种房屋住进去冬暖夏凉。

这样的建筑材料对于当地的居民来说是最好的。石头对于他们来说是再熟悉不过的，也是最经济最理想的建材，不需要花费太多的钱财，只需要花费技术与力气就可以建造一座座遮风避雨的房屋，当然住得舒心称心。

三、石板岩民居建筑的建筑美感。石板岩民居建筑由于使用的建筑材料和特有的建造方式，也使得民居具有独特的建筑美感。

石块垒建的石头墙壁，具有几何形的肌理美感。石块看似杂乱，实而有序，无

河南石板岩民居

论石块大小，不管怎么垒建，石块都是在同一水平面上。石匠们不用费时费力地将岩石打凿成同样大小的方石块，不同大小形状的石块只有这样建造才会坚固不倒。同样，形状各异的石板搭建的屋顶，一层叠着一层，站在高处远远望去，就像一层层的龙鳞披在太行之中，透着力量厚重的美感。散落在房前屋后的，大大小小刻划着纹路的石碾、石磨、石缸、石庙，和石头房子浑然一体，相映成趣，使山间的石头房子充满着浓烈的生活气息，散发出质朴的美感。

石板岩石头民居石头色彩一般为青色与赤色两种，两种色彩上还有深浅的差异，民居屋前屋后的各色树木四季色彩交替变换，加上秋天悬挂在石墙之上的橙黄的玉米棒子串，晒在屋顶上鲜红的山楂片、雪白的萝卜丝，这些色彩都为石板岩民居增添了浓重的一笔笔色彩，让

河南石板岩民居

河南石板岩民居

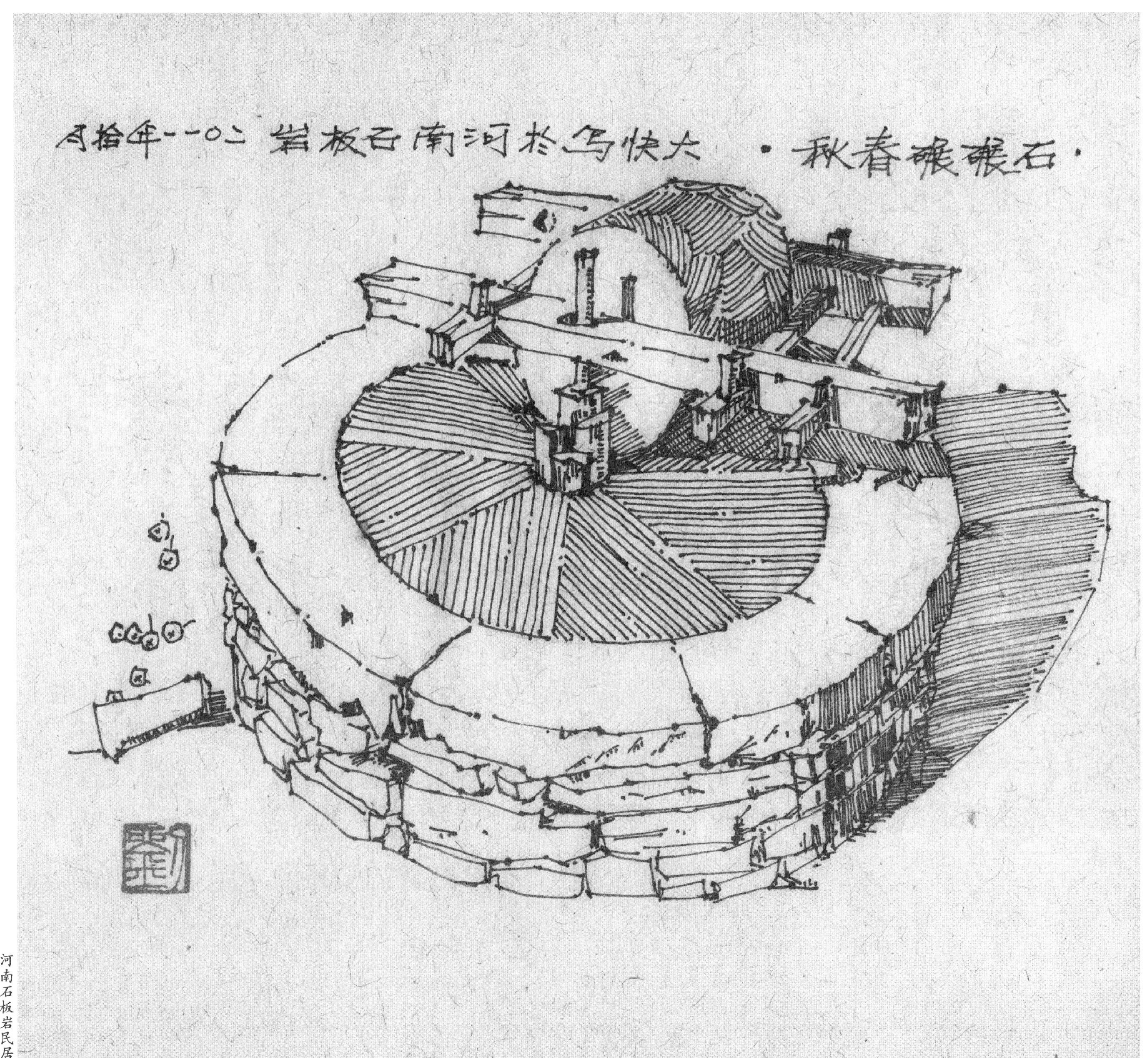
石碾碾春秋 · 大快写于河南石板岩 二〇一一年拾月

河南石板岩民居

河南石板岩民居

河南石板岩民居

民居具有了丰富、斑斓的美感。

各色的石头民居星罗棋布地坐落在太行山中，它们有的成群密集形成村落，有的零星散落在山坡山脚，有许多村落

排列在太行山上鳞次栉比的石板岩民居由于独特的美感，越来越得到人们的认识与赞美。现在石板岩许多村庄都已经荒废，无人居住、看护，使得这些石头建筑一天天落败，很多院子都已经杂草丛生、残破不堪。作为中华民族优秀建筑文化的一部分，林州石板岩民居建筑应该受到重视和保护。

河南石板岩民居

河南石板岩民居

河南石板岩民居

河南石板岩民居

第 八 章

闽南红砖大厝

MINNAN HONGZHUAN DACUO

福建民居

“厝”在闽南语中就是房子的意思，红砖大厝即红色的大房子。使用红砖红瓦砌筑装饰的闽南红砖大厝，色彩艳丽，形式恢弘，在中国众多的民居中显得格外特别，张扬的个性中透露着内在的端庄与质朴。闽南红砖大厝主要分布在福建厦门、漳州、泉州一带，台湾金门也十分常见，它不仅带有中国传统文化深厚的影子，也吸取了闽越文化与福建临海海洋文化的精髓，成为闽南客家文化重要的载体。这些民居造型朴素，色彩明艳和谐，空间层次分明，橘红色砖瓦的使用，使民居呈现出一种统一的暖色调，在以冷色调为主的中国民居之中显得尤为特别。下面我们就通过对福建闽南红砖大厝的建筑形制、建筑材料、建筑装饰的阐述，来了解一下这种独具特色的红色民居。

一、闽南红砖大厝的建筑形制。

“光厅暗屋”为闽南红砖大厝的主要形制，这与中国传统的一明两暗或多暗的“凹字型”民居格局一脉相承。房屋正中为厅堂，对外开门，厅堂，又称堂屋，是构成民居最重要的房屋，主要功能为会客、祭祀祖先、跪拜神明的场所，所以要求宽敞明亮，有些厅堂后背还设计建造有一个小的空间，平时用门扇隔断，小房即可用作书房，遇大事时，则将门扇

福建泉州惠安上上村

福建民居

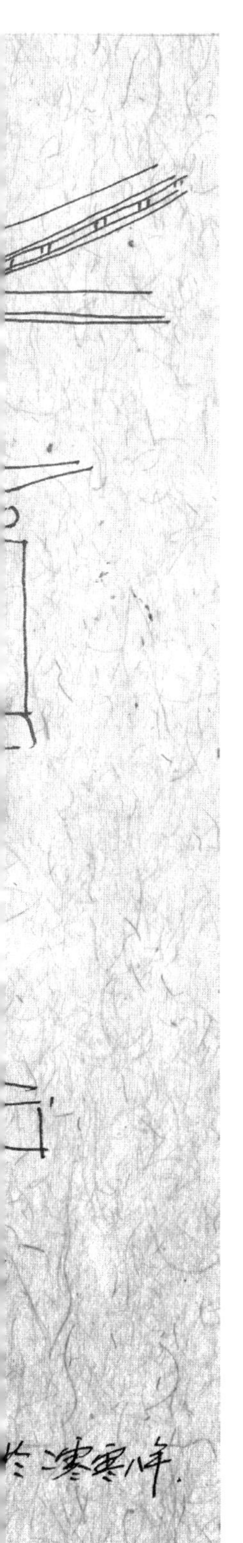

打开，将厅堂与书房合二为一，增加空间，扩大活动范围。厅堂两侧为厢房，这就是一明两暗中的“暗屋”了。一般来说，暗屋正面不对外开门，只设窗户若干，这些暗屋主要适用于卧室，也有置灶烧水用做厨房，还有的用作杂物间储藏物品。这种一明两暗三开间或多开间就是闽南红砖大厝最主要的建筑构成形式了。以这种开间为单位，还要进深排列，进而形成“一进”“两进”等院落，有些富有的大户人家甚至可以达到“五进”这样的房屋格局，当地俗称为“落”，一进就是一落，最大“五落”。

大厝的房顶为马背式硬山屋顶，两端作飞起双翘燕尾脊，两坡屋面，盖红瓦。据研究考证，燕尾脊的由来源于天上的飞鸟，古人认为鸟如天使，是一种可以通灵的神物，可通天敬神，所以先人们将屋顶做成燕尾脊。燕尾脊正脊向下微微凹陷，两端向上高高翘起，而在尾端一分为二，像是燕子尾巴，所以我们称之为燕尾脊。整个红砖大厝前埕后厝，坐北朝南，红砖红瓦，光厅暗屋，落落大方，独具特色。

二、闽南红砖大厝的建筑材料。

大厝是砖瓦结构，与一般民居无异，只不过大厝均采用清水墙形制，砖瓦砌筑，表面不做整体粉饰，加之所采用的均为本地烧制的橘红色的红砖红瓦，所以使得建筑呈现出别具一格的色调。这些砖瓦表面平整、光滑，装饰效果极佳。除开外墙使用红砖砌筑，屋顶则使用红瓦覆盖，瓦有板瓦、筒瓦之分，一般人家用简单的板瓦，大户人家和祠堂则用造型相对复杂的筒瓦。室内地板也使用这种红砖，但红砖的形状就丰富了，有方形、长方形、六角形、八角形不等，铺出地面效果十分美观、洋气。除了这些红色的砖瓦之外，窗户、门头、墙面等许多部分的装饰都采用的是红砖进行的砖雕，所以，闽南红砖大厝看上去整体色彩高度统一。除红砖以外，客家人还用花岗岩砌筑建筑的基角，白色的花岗岩与红色的砖瓦交相辉映。

三、闽南红砖大厝的建筑装饰。

红砖大厝受广府民居和海外装饰风格的影响，加上本地独有的装饰，形成了富丽堂皇的建筑装饰风格。闽南红砖大厝在勒脚、墙身（包括山墙、腰线）、花窗、檐边都装饰有各色图案花纹，技术采用圆雕、浮雕、堆塑为主，材料使用红砖砖雕与灰浆堆塑制作，内容多为山水人物、瑞兽灵鸟、动物花卉，还有使用火纹、云纹等装饰性纹样来点缀建筑的，细部装饰精雕细琢，纹样繁复，绚烂至极。

闽南红砖大厝是辛勤的客家人因地制宜集众人智慧于一体而创造出来的建筑样式，在中国千万民居之中独树一帜，对他们的研究与保护，功在当代，利在千秋。

福建民居

福建民居

福建民居

第 九 章

青岛崂山民居

QINGDAO LAOSHAN MINJU

青岛崂山民居

2018年，我带建筑学专业学生远赴青岛，来到“山海奇观”的崂山脚下进行建筑写生，从而认知了崂山脚下这些临海的民居建筑。现在崂山脚下遗留下来的传统民居建筑并不多见了，即使有，也少人居住，所以现状不容乐观。下面我们就简单地来谈一谈崂山民居的建筑形式和建筑材料。

青岛崂山传统民居临海靠山而建，崂山青，大海蓝，让民居处在一个优美的大环境之中。民居一般为“一字形”建筑，正宗厅堂，两边厢房，屋顶上盖瓦，硬山顶，不出檐。房屋前方会用石质围墙建出一个小小的庭院，用于放置花木杂物。前方墙上开有大门，这种与墙壁合为一体的院门，我们称之为随墙门。随墙门也是用崂山本地所产的石头所建，门上亦会加盖一个两坡瓦顶。海边人家，生活比较简朴，民居主要用于起居，而生产工具等东西一般都放置在自家海船之上，留在港湾，所以民居相对来说较为简单。由于崂山是花岗岩

青岛崂山民居

福
福

青岛崂山民居

青岛崂山民居

组成的石头山，所以民居的营造也就主要以花岗岩为主，不论是院墙还是房屋的山墙，都使用当地的灰白色的花岗岩建造，岩石被石匠打造成非常方正的石块，所以垒建起来十分方便，石块间用灰浆填满，严丝合缝。而屋顶则与中国其他地方大多数民居不尽相同了。由于临海，海风、台风、雨水经常会对海边的房屋产生较大的影响，所以如果覆盖屋顶的材料很轻，不结实，就会经常被风雨刮跑，于是人们就烧制了一种质量重、有厚度、面积大、质地紧密的瓦来覆盖屋顶，这种瓦与我们常见的小青瓦截然不同。这些瓦有的是黑灰色，在年代更加久远的房

青岛崂山民居

青岛崂山民居

屋上这种黑灰色的瓦比较常见，房屋建造年代较近的则使用的是红灰色的瓦，但这两种瓦的质量形态大体相同。这种瓦覆盖的屋顶结实，一般的狂风暴雨都奈何不了它，用它盖出的房子结实牢固，不怕风吹雨打。

相对于中国其他地方的民居来说，崂山脚下的这些灰墙红瓦的房子确实简单了一些，但它结实耐用，遮风

青岛崂山民居

避雨效果很好，加上石头保温效果良好，居住起来冬暖夏凉，十分舒适，造价也相对经济便宜，所以人们十分喜欢居住在这种房子里。只是随着时间的推移，很多传统的崂山民居已经破败，又没有相应的材料来进行维护，所以传统样式的房子越来越少见，所以希望我们可以对他们加以保护，为我们的子孙后代留下更多过去的时光印记。

青岛崂山民居

青岛崂山民居

第十章

湘西民居

XIANGXI MINJU

湘西民居

湘西，一块神奇的土地，在这里世代居住的土家族、苗族先人创造了属于自己的独特的建筑艺术与文化，下面我们就通过对湘西民居的建造材料、装饰与文化的了解，来认识湘西民居的风貌吧。

湘西自古以来就是中国土家族、苗族等几个少数民族的聚居地，历史上，苗族人对湘西地区一直享有统治权、管辖权。在这片多山多石、地形险峻、土少木多、潮湿阴冷、雨水丰沛、冬冷夏凉的环境中，湘西的土家人与苗族人利用身边那些仅有的材料，建造了具有典型自然适应特征的传统山地建筑，这些建筑不仅是土家人、苗族人遮风避雨的安身之所，也是传承他们的民族文化、民风民俗、审美艺术的实物载体。

吊脚楼就是这种载体的具体体现。吊脚楼是属于干栏式建筑的一种，干栏式建筑，是指由百越人发明创造

湘西民居

湘西民居

湘西民居

湘西民居

湘西民居

湘西民居

湘西民居

湘西民居

的一种建筑形式，即在木头竹子搭建的底架上建造高出地面的房屋，这种建筑主要以竹木为主，两层。下层一般是饲养动物、堆放杂物，上层住人。干栏，亦可写作“干阑”“高栏”。中国最早的干栏式建筑遗迹就在浙江余姚河姆渡遗址上，人们在那里发现许多史前房屋的木制底架，这也是干栏建筑的典型特征。而湘西吊脚楼就是现今干栏式建筑发展的一种样式，为了摆脱湘西地面阴雨潮霉、多虫多蚁的种种不利，人们利用山中所产的杉木，搭建底部放空、上部封闭的建筑形式。高出地面的房屋用于住人，底部放空的面积也不能浪费，用以饲养牛、羊、猪等牲畜和堆放农具杂物，人们生活的上部房屋通风干燥，居住条件舒适。由于房子以木头建造，所以建房基本由木匠完成，这些木匠不用图纸，全凭烂熟于心底的建房口诀与实践经验，凭借斧锯刨钻就可以建造出一栋栋伫立在山坡林地之上的吊脚楼，有些地区的吊脚楼还会就近选择身边常见的碎石块，给第一层垒砌墙壁。为了更好的生活，吊脚楼的第二层还会间建有阳台、走廊、美人靠等构件，用于日常生活。为了美观，人们在二层建筑上还会使用木雕来制作花窗、门扇、吊瓜来美化自己的居住环境。由于取暖的需求，湘西人在二层住所内还设立有火塘，火塘就是他们日常烧水做饭的场所，最后还会利用余烬给房屋内部加温，已达到保暖的效果。大部分的吊脚楼是建于山坡之上，一边靠山，一边放空，放空的一边会长出底面一些，半边房屋悬在空中，这就是所谓的“半边楼”了。凤凰古城的沱江边，还有一种临水的吊脚楼，站在江边，远远望去，一根根木柱整齐划一的杵在水边的堤岸之上，一排排美人靠，靠水而生。吊脚楼的屋顶都为两坡屋面，四面出檐很多，为的是让雨水不打湿木质构件，防止腐朽。屋面上用黑色的小青瓦覆盖，黑色在五行风水学说中代表的是水，木质的吊脚楼最怕的就是火，所以使用黑瓦取水克火之意。到现在，许多的吊脚楼也有在黑瓦中铺装一些透明的玻璃瓦，用于室内的照明采光。

当然，地域广阔的湘西地区，还有其他一些不同样式的民居。如凤凰的凉灯村、勾良村，这些村落的传统风貌与吊脚楼又大相径庭，我们亦可以对它们进行深入而具体的研究。

美丽的湘西民居，值得我们研究的价值还有很多很多，我们要更努力地、深入地收集、整理与研究这些宝贵的建筑遗产，让这种古老的建筑文化继续传承。

湘西民居

湘西民居

第十一章

新疆高台民居

XINJIANG GAOTAI MINJU

新疆高台民居

新疆高台民居

在新疆喀什老城区东北端，有一处建在高高黄土崖台上的维吾尔族民居聚落，这就是展现维吾尔族古代民居建筑与民族风情的高台民居了。作为我国唯一的具有古代西域特色的传统历史文化街区，高台民居具有极高的保护与研究价值，下面我们就通过阐述高台民居的建筑格局、建筑材料与建筑特色，来了解一下这个异域风情浓郁的民居建筑。

一、高台民居的建筑格局。

高台民居维吾尔族语叫做“阔孜其亚贝西”，意思就是高崖土陶人家，由于那里生活着大量以制作陶器为生的手工艺人而得名。高台民居的建筑格局自由灵活，不受对称等建筑概念的影响，所有建筑都是利用具体地形特点，根据人们的实际情况而设计建造的。高台民居中有平房，也有四五层的楼房，其中最高的可以达到七层。房主充分利用居住在崖边的地形特点，依靠黄土高崖向上修建三层，向下修建四层，从而形成了少见的七层民居。民居室内功能分区明确，主人房、起居室、客厅一应俱全，子女一般都居住在两侧的厢房；出于取暖的考虑，屋内均设有土炕；每户人家还根据实际情况留出了具有强烈封闭性的庭院，面积有大有小，既可以满足维吾尔族人生活的需求，又可以适应当地的自然环境。

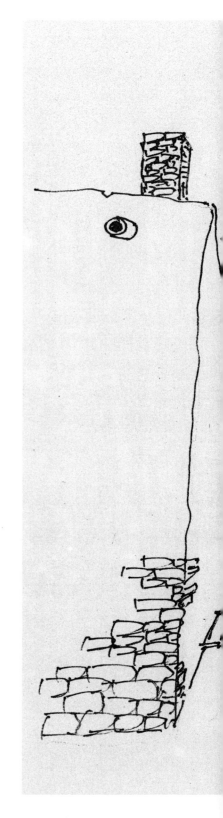

二、高台民居的建筑材料。

高台民居就地取材，利用常见的黄土进行夯筑，形成灰黄色的夯土建筑。为了使房屋更加坚固，匠人们在设计建造时刻意在夯土内加入了木制网格，以增加夯土的强度；夯土材料的使用主要考虑到当地干旱少雨，不需要过多的考虑雨水的影响，所以为之。除了生土，人们还会使用当地最为常见的杨树木头来建造房屋，虽然说杨树不是最佳的建筑建造木材，但当地的树木资源贫乏，用杨木也是不得已而为之。使用杨木时，人们也不做过多的加工，直接使用制作房屋梁架、阁楼、阳台等构件，所以整个城区看上去松松垮垮，简单随意。沿街外墙还采用掺有麦秸秆的麦草泥糊好，平整干净。但这些都不影响高台民居的牢固性，很多房子也有了数百年的历史。建筑的大门对外最为显眼，所以大门一般用更好的木头来制作，人们在门上再镶嵌铁制铜制的压条护板，门口吊装两个门环。到现在，高台民居受到现代建造技术的影响，也增加了一些砖木结构的房屋，但色彩依然保持黄灰色调，整体和谐统一。

三、高台民居的建筑特色。

由于使用夯土建造，且不受传统建筑设计的因素制约，简朴变化多端的外部形态就成了高台民居最大的建筑特色了。从外观

新疆高台民居

新疆高台民居

上来看，墙面平整，流畅大方，常见于内陆地区的建筑形态—凹凸角线在这里基本上见不到，远远看上去整个城区就像许多土黄色的方形几何体块堆叠在一起，如同积木一般，加上参杂在建筑中的那些横竖木条，又加之民居之中少见种植绿色树木，所以色调风格高度统一，具有强烈的西域特色。

维吾尔族人的居室内部也是高台民居最大的特色之一。室内有伊斯兰风格的木雕装饰、壁龛装饰，形状多为拱形，花纹多为伊斯兰传统纹样，地面则铺有大量维吾尔族常见的花色地毯，一眼看上去，整个室内就是一个民族特色鲜明的居所，令人向往。这种受伊斯兰文化影响的民族特色鲜明，是经历了数百年历史才形成的。

高台民居现在已经成为喀什一处著名的城市景观，来到喀什旅游的人们都会选择到这里感受一下维吾尔族

新疆高台民居

人特殊的建筑风格与浓郁的民族风情。这里的建筑很多都是六七代人传下来的古老民居，一户民居就是一个家族生息繁衍的兴衰历史，对于宗族观念十分强烈的维吾尔族人来说，高台民居就是他们赖以生存的家园，是一种温暖家的情怀，是一份深深的故土依恋。

新疆高台民居

附　录

学生作品

XUESHENG ZUOPIN

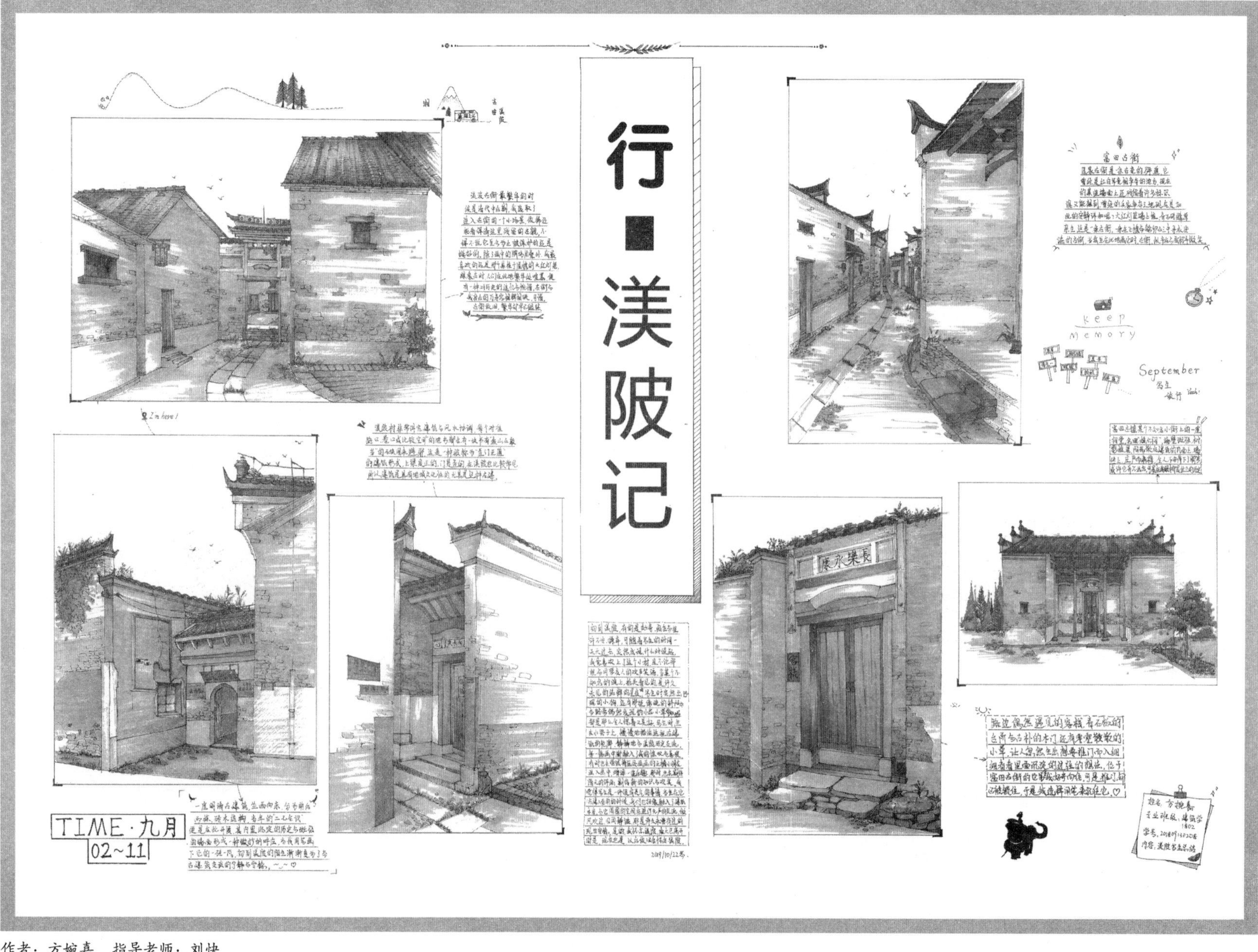

作者：方婉嘉　指导老师：刘快

作者：董婧汝　指导老师：刘快

作者：黄飞虎　指导老师：刘快

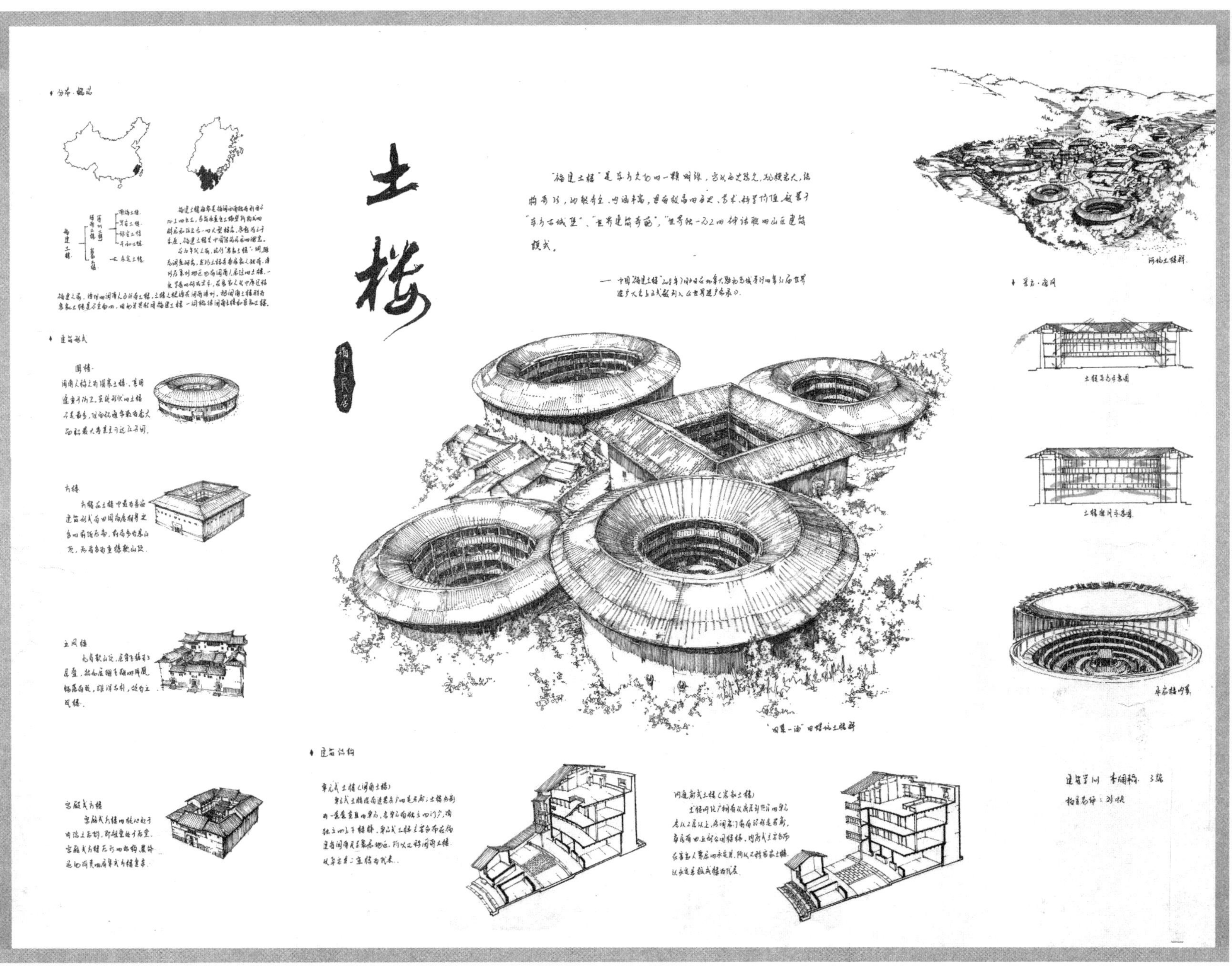

作者：李澜滔　指导老师：刘快

云南民居·一颗印

由来

滇中高原地区，四季如春，无严寒，多风，故住房墙厚重。最常见的形式是毗连式三间四耳，即正房三间，耳房东西各两间，有些还在正房对面，即进门处建有倒座。通常为楼房，为节省用地，改善房间的气候，促成阴凉，采用了小天井。外墙一般无窗，高墙，主要是为了挡风沙和安全，住宅地盘方整，外观方整，当地称为一颗印。

详细描述

滇中地区标准的土木结构房屋称为"一颗印"，为三间耳一倒座，实际因经济情况有所增减，正房和耳房均为二层楼房，倒座多数为平房，少数为楼房，但空间较矮。正房较高，耳房矮一些，这样长辈居住的正房采光就比较好。中间为天井，多打有水井铺石板，作为洗菜洗衣休闲的场所，为安全起见，传统的房屋四周外墙上是不开窗户的，都从天井采光。

房屋为木料的柱梁为支架，墙体多为夯土墙或土墼墙，建墙时先挖基沟，下石脚，立屋架，上梁，然后砌墙或打夯土墙，上瓦，最后做内部的楼板，板壁等。做好的内外墙均以石灰粉平，一般的仅将内墙粉平，屋内没什么装饰，好的人家地面可以铺青砖，一般的就用土夯实。楼板以木板做槽拼装，走起来很响。楼上的房间分隔和朝向天井的板壁也以木板做成。正屋前向天井的那一面有厦子，瓦面刚好接上二楼正房的窗户，可以晾晒东西。

"一颗印"民居的典型特征是方正，在方正平面上布置正房三间，两层，前设抱厦，两边耳房，在正房对面的围墙正中设一扇进出户内的大门，有的还设有倒座和屏风，倒座进深八尺，这便是"一颗印"类例中比较典型的"三间四耳倒八尺"。三面外墙封闭，只在二楼设个别小窗以供有限的通风、采光之需。前面的围墙较高以达到厢房上层檐口，这样，整座"一颗印"的外观造型显得方正，严谨而封闭，所谓"方方如印"也，由此而得"一颗印"这一雅号。

正房朝东

墙面装饰

出厦

在房屋底层前面，出一步架设廊子，在白族民居中称为"出厦"

画框

大门

小条窗

山墙彩画

腰带厦

山墙上一般都有"腰带厦"，也就是挑出的小屋檐，将山墙分为上下两部分。

照壁

大门方位

一般常设在院落的东北角

有厦式门楼

剖面图

平面图

立面图

云南省昆明市海子村毕氏一颗印住宅

印像

"一颗印"民居的大门开在正房对面的中轴线上，设倒座或门廊，一般进深为八尺，无侧门或后门，有的在大门入口处设有木屏风一道，由四扇活动的格扇组合而成，关闭，人从两侧绕行。民居每逢喜庆节日便打开屏风一道，由迎客入门，使倒座、天井、堂屋融为一个宽敞的大空间。"一颗印"民居主房屋顶稍高，双坡硬山式，厢房屋顶为不对称的硬山式，分长短坡，长坡向内院，在外墙外作一个小转折成短坡向外墙。院内各层屋面均不互相交接，正房屋面高，厢房上层屋面正好插入正房的上下两层屋面间隙中，厢房下层屋面在正房下层中屋面之上，无斜沟，减少了梅雨的麻烦。

外墙封闭，仅在二楼开有一两个小窗，前围墙较高达厢房上层檐口，农村的"一颗印"民居，为了适应居民的生活习惯和方便农民在堂屋和游春上干活，堂屋一般不安装格子门，这样堂屋便和游春浑然一体了。而城里的"一颗印"民居，堂屋一般都安装有格子门。

姓名：文中天

班级：建筑学1001班

学号：201009120108

指导教师：刘快

分析

主要特点：

多三开间

1. 正房、耳房毗连，正房多为三开间，两边的耳房，有左右各一间的称"三间两耳"；有左右各两间的称"三间四耳"。

适合条件

2. 正房、耳房均高两层，占地很小，很适合当地人口稠密，用地紧张的需要。

正房底层明间为堂屋，餐室，楼层明间为粮仓，上下层次间作居室；耳房底层作厨房、柴草房或畜厩，楼层作居室。正房与两侧耳房连接处各设"单跑楼梯"，无平台，直接由楼梯依次置耳房，正房楼层，布置十分紧凑。

三间四耳

3. 大门居中，门内设倒座或门廊，倒座深八尺，"三间四耳倒八尺"是"一颗印"的最典型格局。

挑出腰檐

4. 天井狭小，正房、耳房面向天井均挑出腰檐，正房腰檐称"大厦"，耳房腰檐和门廊腰檐称"小厦"。大小厦连通，便于雨天穿行，房屋高，天井小，加上大小厦深挑，可挡住太阳大高度角的强光直射，十分适合低纬度高海拔的高原气候特点。

正房较高

5. 正房较高，用双坡屋顶，耳房与倒座均为内长外短的双坡顶。长坡向内，短坡向外，可提升外墙高度，有利于防风、防火、防盗，外观上屋墙高耸，宛如城堡。

外包土墙

6. 建筑为穿斗式构架，外包土墙或土坯墙。

正房、耳房、门廊的屋檐和大小厦在标高上相互错开，互不交接，避免在屋面做斜沟，减少了漏雨的薄弱环节。

独门独户

7. 整座"一颗印"独门独户，高墙小窗，空间紧凑，体量不大，小巧灵便，无固定朝向，可随山坡走向形成无规则的散点布置。

I

II

两种梁架结构

其他特点，

在旧时，昆明的城乡无论汉族还是其他少数民族百姓都喜爱建盖经济实惠的"一颗印"式民居。"一颗印"民居建筑的特点是由正房、厢房、倒座组成四合院，瓦顶，土墙，平面和外观呈正方形，方方正正好似一颗印章，就称为"一颗印"。"一颗印"民居为一楼一底楼房，正房三间，底层一明间两次间，前有单层廊（称抱厦），构成重檐屋顶，左右两侧为一楼一底吊厦式厢房，厢房的底层一般各有两间，称为"三间四耳"

一颗印式民居是由汉、彝先民共同创造，最早在昆明地区流行起来的"特色品牌"

作者：文中天　指导老师：刘快

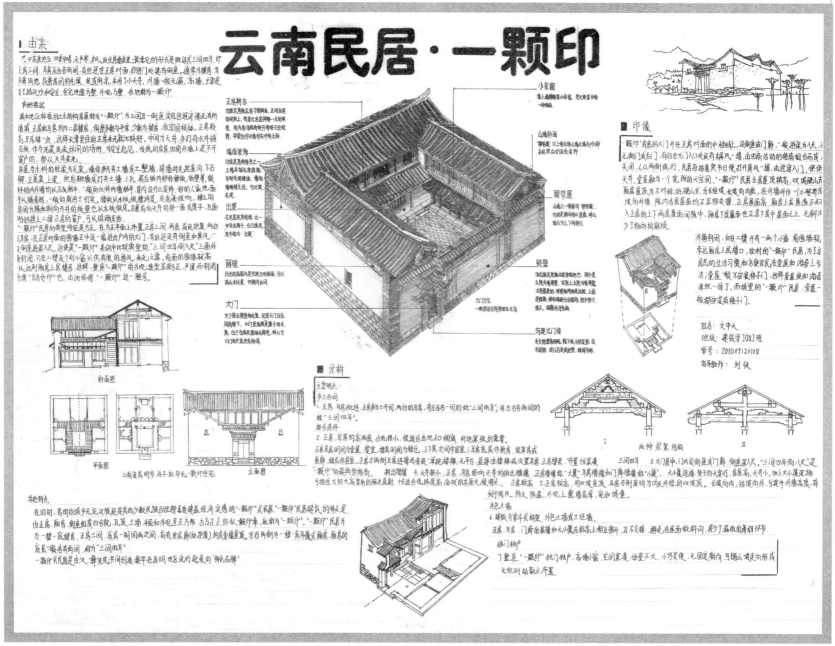

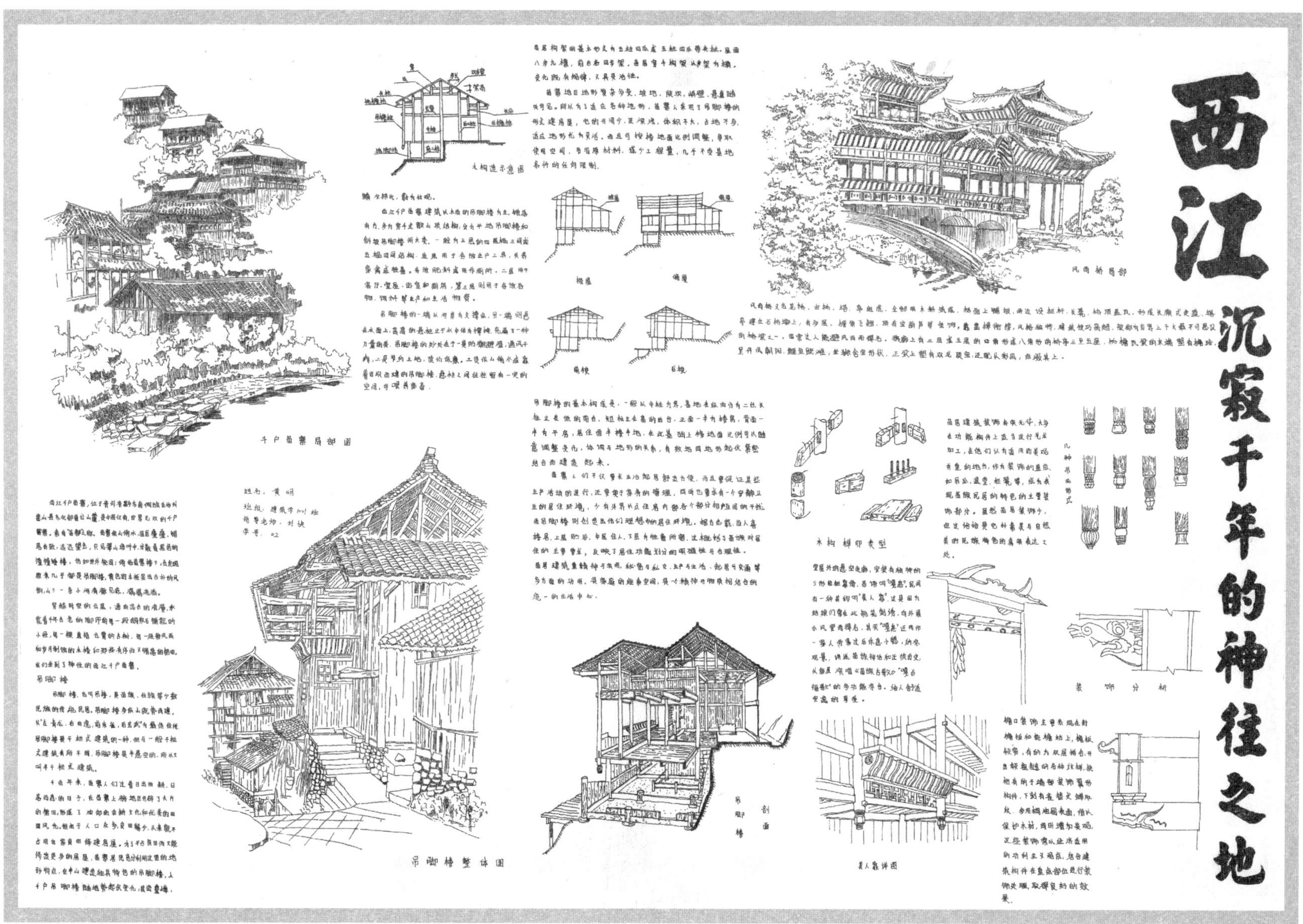

作者：黄明 指导老师：刘快

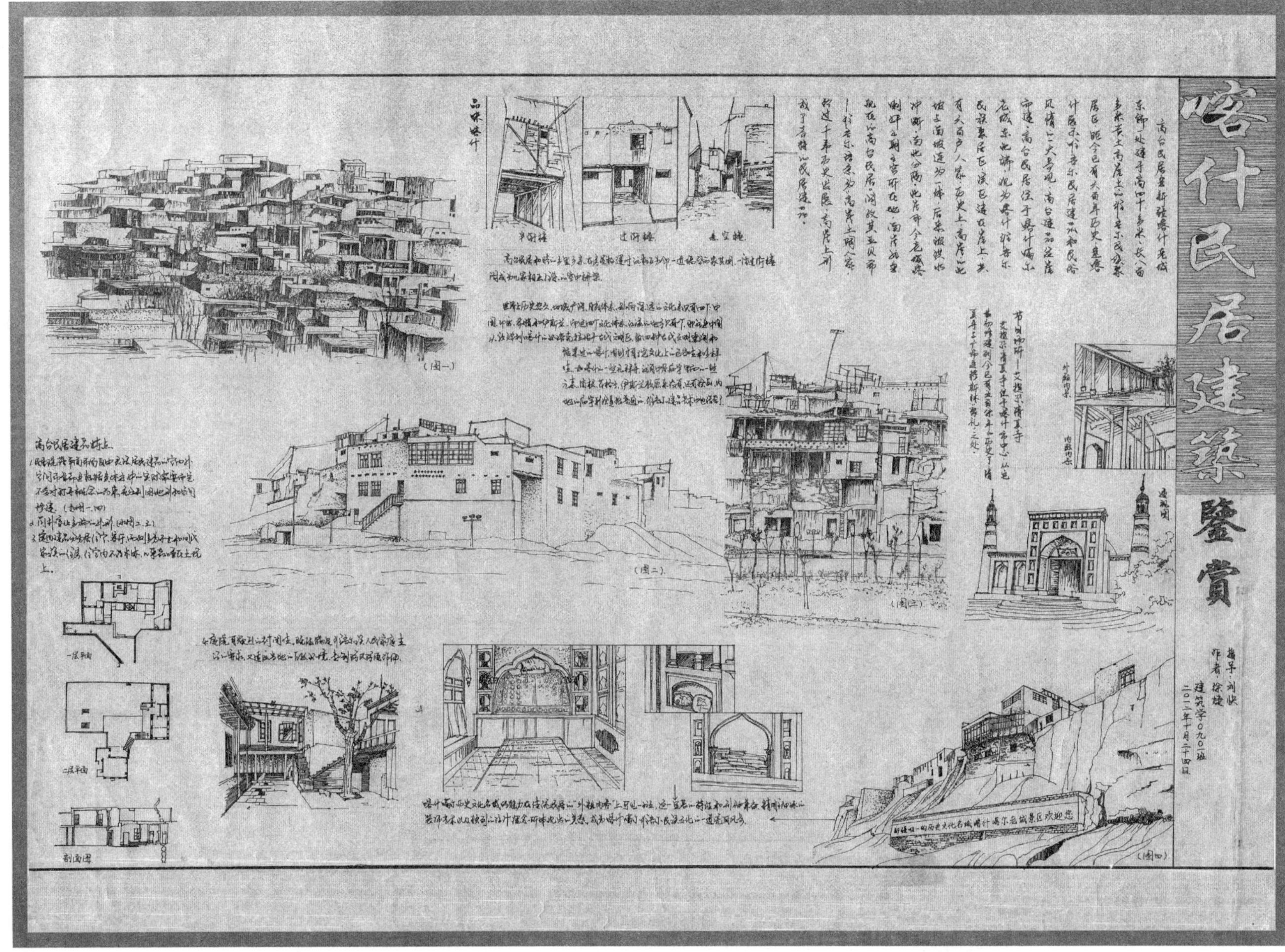

作者：徐婕　指导老师：刘快

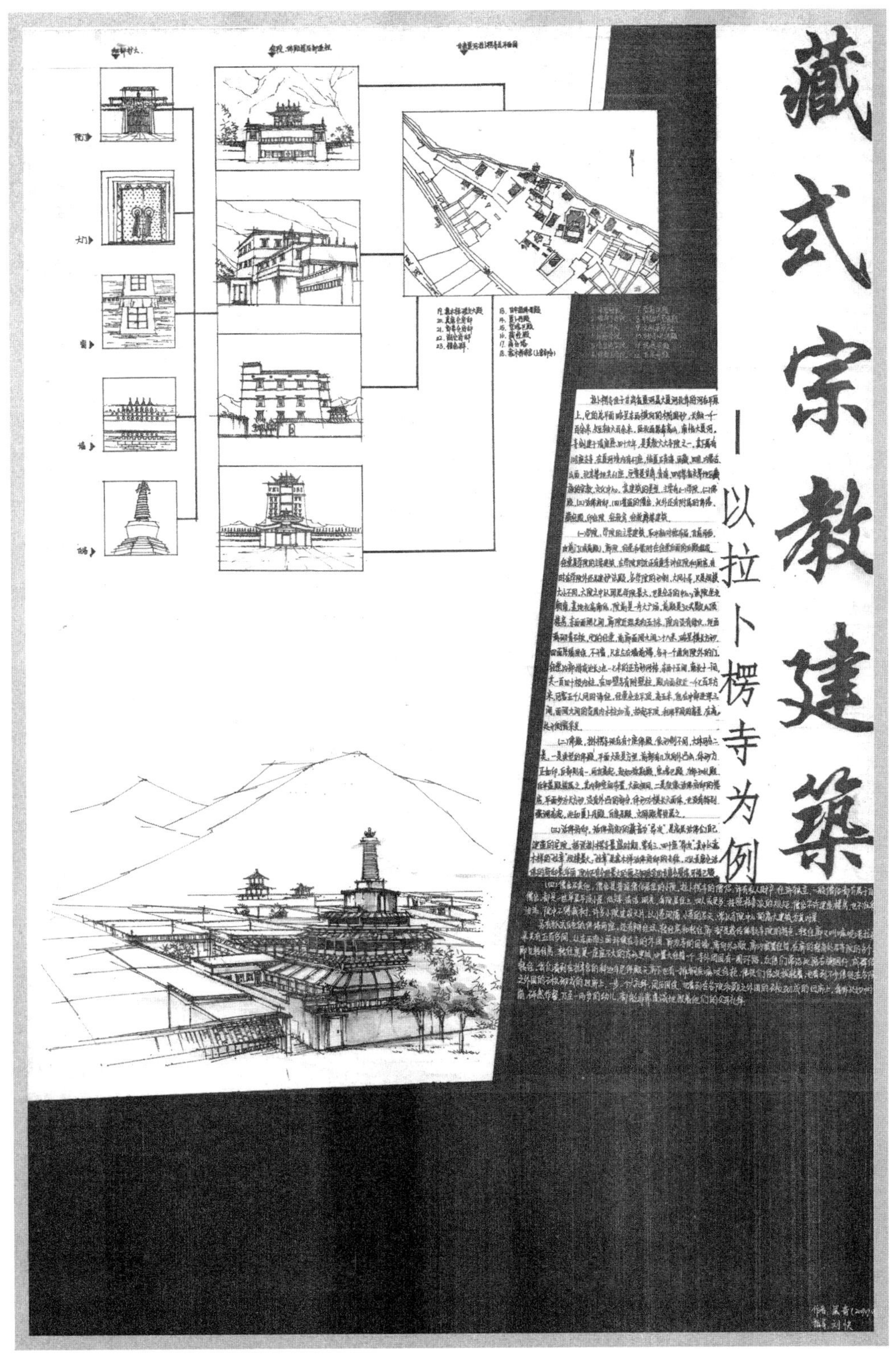

作者：屈奇　指导老师：刘快

皖南民居

• 精湛的雕刻艺术

皖南民居是徽文化的重要表现特征，在中国建筑史上占有举足轻重的地位。被誉为"古徽三绝"的祠堂、民居、牌坊是体现皖南民居工艺特征和造型风格的典型实体，而皖南民居的"三雕"（砖雕、木雕、石雕）是建筑艺术的集中反映。和规模及气势见长的皖南民居，在雕刻艺术上的表现，则成就非凡。

• 山墙小议

• 中国画里的乡村

• 别有洞天的天井式建筑

• 生活情调精妙的走马楼民居

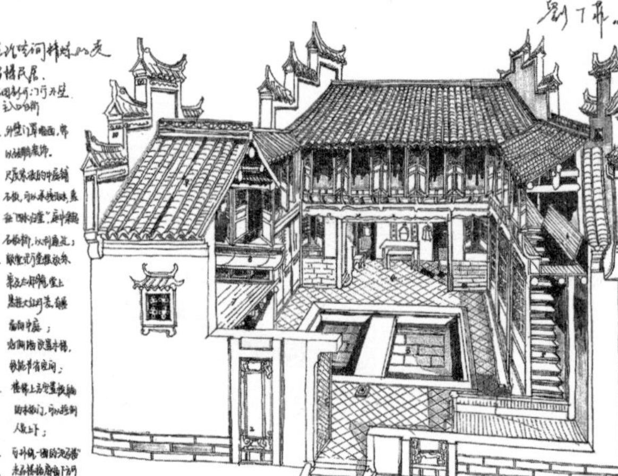

• 鲜活的"皖南民居博物馆"

作者：刘丁菲　指导老师：刘快

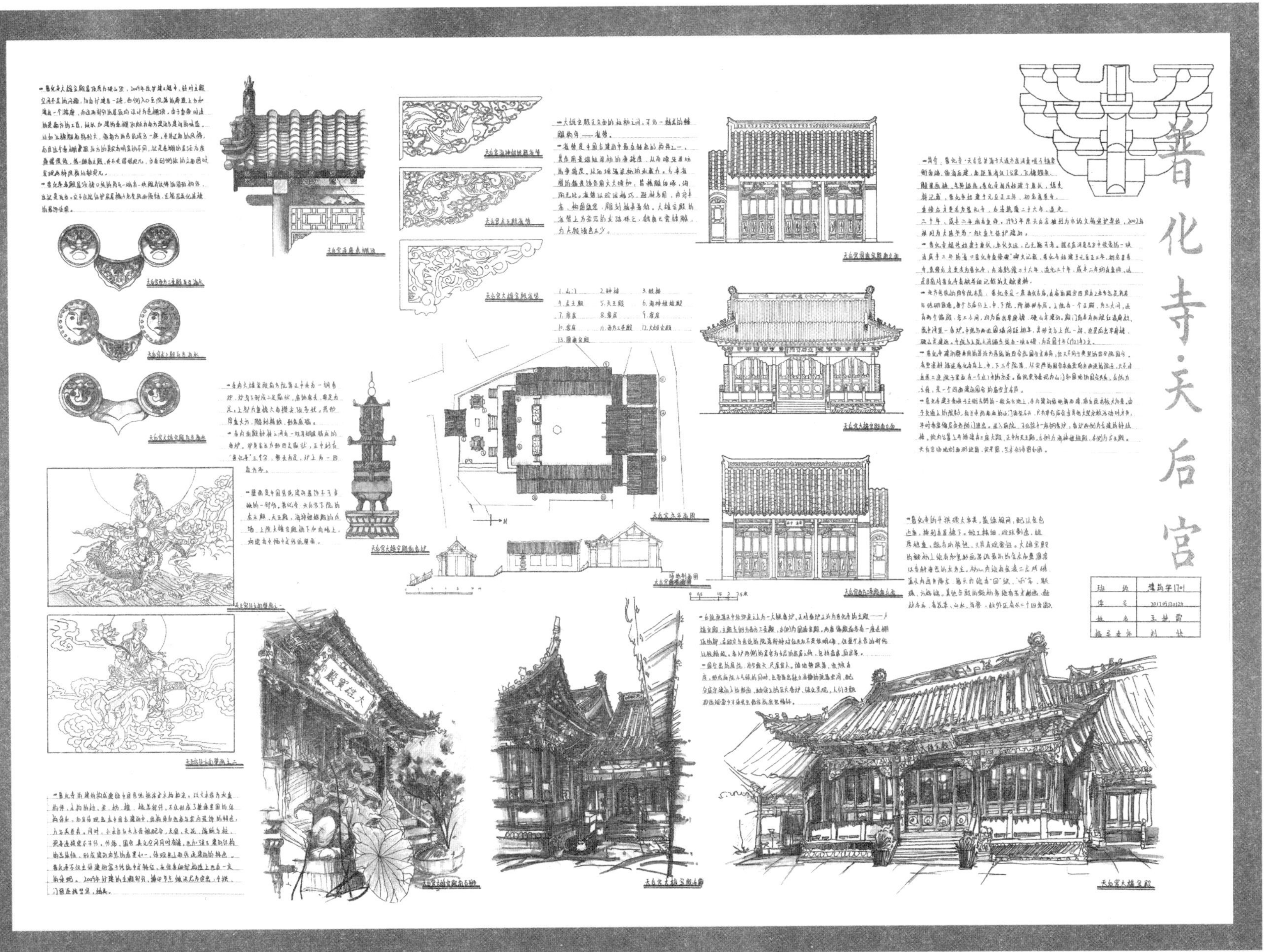

作者：王慧霞　指导老师：刘快

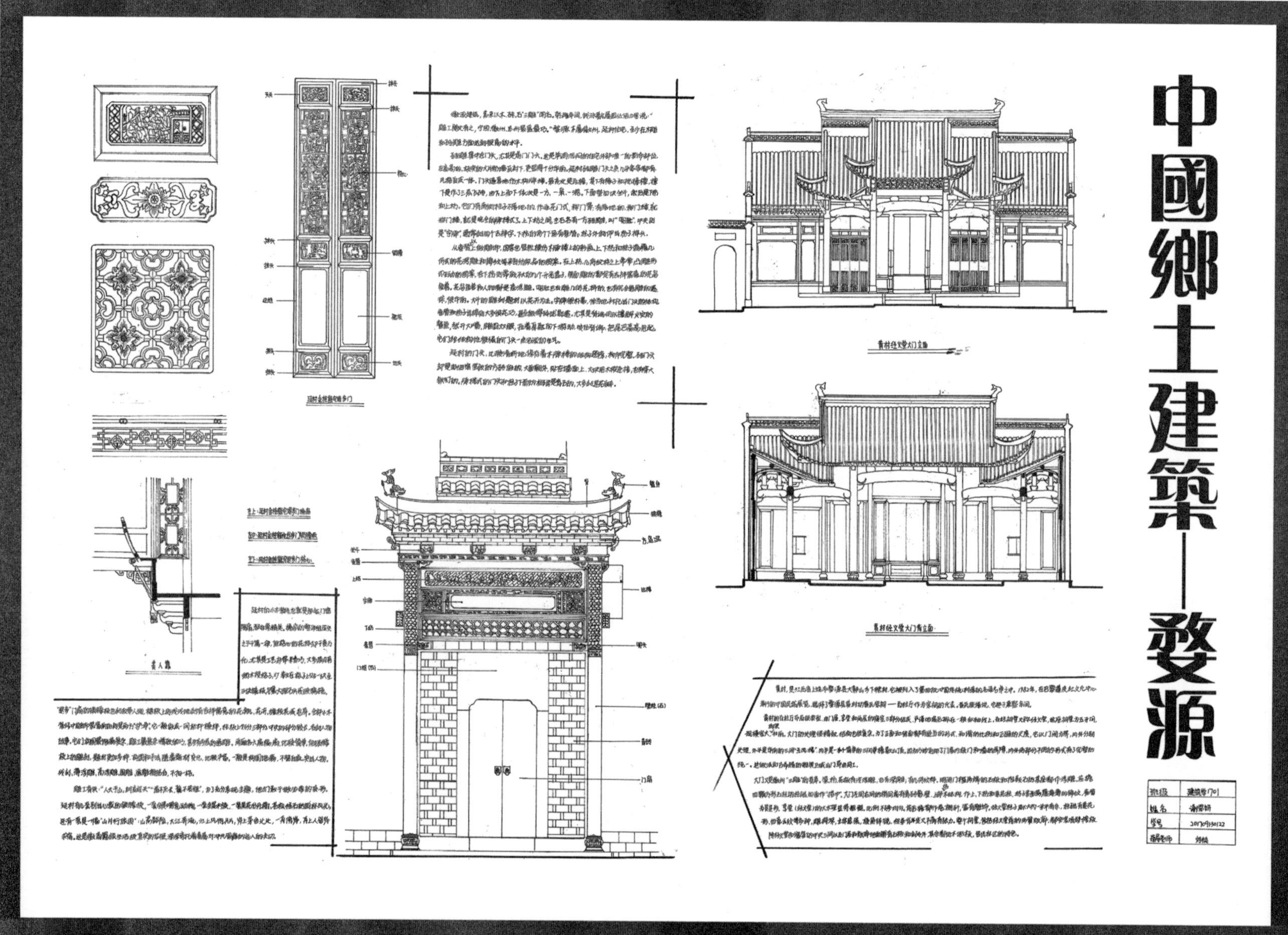

作者：谢思妍　指导老师：刘快

参考文献

1. 萧加 . 中国乡土建筑 [M]. 杭州：浙江人民美术出版社，2000.

2. 王其钧 . 中国民居三十讲 [M]. 北京：中国建筑工业出版社，2005.

3. 刘快 . 浅谈海南黄流民居 [J]. 山西建筑，2008（13）.

4. 刘快 . 太行石板岩民居写生与研究 [M]. 长沙：湖南人民出版社，2012.

5. 刘快 . 民居印象：太行深处 [M]. 北京：北京大学出版社，2013.

6. 刘快 . 浅谈河南林州石板岩民居建筑 [J]. 大视野，2013（8）.

7. 刘快 . 浅谈福建土楼建筑的特征与风格 [J]. 科技风，2020（6）.

8. 刘快 . 浅谈皖南徽派建筑的风格与应用 [J]. 科技风，2020（7）.